本专著为南昌航空大学博士基金项目"徽派建筑元素在现代环境陶艺中的应用研究"（项目编码：EA202112196）的研究成果

徽派建筑元素在现代建筑陶瓷中的应用研究

王饶伟 著

中国戏剧出版社
CHINA THEATRE PRESS

图书在版编目（ＣＩＰ）数据

徽派建筑元素在现代建筑陶瓷中的应用研究 / 王饶
伟著 . -- 北京 : 中国戏剧出版社 , 2024.9
ISBN 978-7-104-05426-9

Ⅰ . ①徽… Ⅱ . ①王… Ⅲ . ①建筑陶瓷—建筑艺术—
研究—安徽 Ⅳ . ① TU-862

中国国家版本馆 CIP 数据核字 (2023) 第 202806 号

徽派建筑元素在现代建筑陶瓷中的应用研究

责任编辑：肖　楠
项目统筹：李　静
责任印刷：冯志强

出版发行：中国戏剧出版社
出 版 人：樊国宾
社　　址：北京市西城区天宁寺前街 2 号国家音乐产业基地 L 座
邮　　编：100055
网　　址：www.theatrebook.cn
电　　话：010-63385980（总编室）　010-63381560（发行部）
传　　真：010-63381560

读者服务：010-63381560
邮购地址：北京市西城区天宁寺前街 2 号国家音乐产业基地 L 座

印　　刷：北京九州迅驰传媒文化有限公司
开　　本：787mm×1092mm　　1/16
印　　张：8.75
字　　数：200 千字
版　　次：2024 年 9 月　　北京第 1 版第 1 次印刷
书　　号：ISBN 978-7-104-05426-9
定　　价：60.00 元

前　言

　　中国传统民居是中国建筑文化的重要组成部分，徽派建筑则是中国民居建筑中具有鲜明特色的类型，其建筑风格意蕴典雅，构成元素丰富多彩，美学特征异彩纷呈，是中国传统建筑中最具特色与艺术价值的文明成就之一。徽派建筑鲜明的特色彰显着建筑的民族文化、地域文化、人文文化之间的融合与碰撞，由此形成的建筑元素也极具感染力和震撼力。正是借力于这些文化的碰撞，建筑随着文化的更新和发展形成了现在的风格特色。建筑在不断地更新迭代，建筑材料、式样等方面也都在不断地发展和演变。现代建筑中很少有传统民居建筑形态的结构，这是我们不愿看到的。如何将徽派建筑中的各种元素加以提取，再融入现代建筑中，成为一个需要解决的问题。

　　建筑陶瓷作为建筑环境空间的装饰手段之一，可以呈现于建筑的任何空间之中。建筑陶瓷作为装饰的一部分，也需要与时俱进，不断融入新的元素，以满足现代人的审美需求。本书就徽派建筑元素融入建筑陶瓷进行研究，主要从徽派建筑的装饰题材、材料及形式三方面融入建筑陶瓷进行分析、归纳、总结。徽派建筑元素的融入给现代建筑陶瓷增添了新的活力，是一种"民族性"的表达。本书适合陶瓷设计的相关人士参考阅读。

目 录

第一章　建筑陶瓷及其特征

第一节　建筑陶瓷概述

一、建筑陶瓷的概念

要明确建筑陶瓷的概念，首先要对陶瓷的概念及分类有所了解。陶瓷是指以天然黏土或主要含黏土（还包括长石、石英等）的各种天然矿物为主要原料，经过粉碎、混炼、成型、干燥、锻造烧制而成的各种制品。陶瓷按功能可分为日用陶瓷、艺术陶瓷、工业陶瓷三类。日用陶瓷是指人们日常生活所需的陶瓷产品，如餐具、茶具、咖啡具等。艺术陶瓷是指所有将陶瓷视为艺术进行创作的陶瓷作品，以彩绘陶瓷和彩釉陶瓷为主要创作对象，试图将陶瓷从日用品提升为艺术品。工业陶瓷是指应用于各种工业的陶瓷制品，其中包括建筑陶瓷、化工陶瓷、电瓷以及特种陶瓷等。

从上述陶瓷概念及分类中可以了解，建筑陶瓷属于工业陶瓷，它服务于建筑的装饰和应用，是建筑装饰面的重要建筑构件。建筑陶瓷除了保证建筑结构的生成，即加工成建筑所需的各种造型外，还必须具备这些结构的功能。建筑陶瓷体现了陶瓷功能性与审美性的统一。在功能性上，建筑陶瓷具备防水性、防污性、抗菌性、抗冲击性，目的是给予人们更好的居住体验。在审美性上，建筑陶瓷作为建筑的装饰材料不仅造型丰富、装饰图案多样，而且陶瓷作为土与火的艺术，生来就给人一种自然的享受。建筑陶瓷作为拥有悠久历史文化的陶瓷艺术的表现形式之一，所传达的文化意义远远超出传统陶瓷工艺品所承载的文化范畴，更能带给人们一种文化享受和人文关怀，因此建筑陶瓷是实用功能性与艺术审美性的完美结合。

从上面对建筑陶瓷的表述中可以看出，建筑陶瓷是作用在建筑空间中，对建筑进行装饰和保护的陶瓷。从环境艺术的角度看，建筑陶瓷属于环境艺术的表现方式。通常环境艺术分为室内环境艺术和室外环境艺术两类。这两者都是以"人"为中心，围绕"人"的空间环境进行处理，在协调好环境与人之间的相互关系上满足人的需求。建筑陶瓷作为作用在建筑空间中的陶瓷材料，它装饰建筑、保护建筑。建筑是为人服务的，所以建筑陶瓷也是以"人"为中心对建筑进行装饰、保护的，可以把建筑陶瓷对建筑环境的装饰作为环境艺术。

建筑陶瓷可按建筑的装饰部位分为以下几类：

（1）陶瓷砖。陶瓷砖是目前在建筑中运用广泛的建筑陶瓷制品。它是由黏土和其他无机非金属原料经过陶瓷制作工艺烧制而成的。陶瓷砖又可以分为陶瓷面砖、陶瓷地砖以及陶瓷马赛克。陶瓷面砖主要对建筑外墙和建筑室内墙壁进行装饰，对建筑起保护作用。现代陶瓷面砖的种类繁多、釉色丰富，并且具有很好的耐磨、防水、易清洗等特点，是建筑内外面的主要装饰手段之一。陶瓷地砖与陶瓷面砖相仿，但比面砖稍厚一些。陶瓷马赛克又称陶瓷锦砖，广泛地用于建筑地面装饰、街道装饰、建筑内外墙装饰。陶瓷马赛克装饰形式丰富多样，在陶瓷本身拥有装饰纹样的基础上能在建筑上拼出各种富有装饰意味的图案。例如，西班牙建筑大师安东尼奥·高迪的许多建筑作品就是通过陶瓷马赛克进行装饰的，其颜色丰富，拼贴形式多样又不失协调，堪称马赛克装饰的经典之作。陶瓷马赛克是建筑装饰中很好的一种装饰方式。

（2）陶瓷壁画。陶瓷壁画诞生于砖和釉所构建的建筑壁面。确切地说，它是以多维空间来表现视觉效果，并附着于二维空间的建筑壁面的一种装饰形式。陶瓷壁画来源已久，从中国秦汉时期的画像砖到明清时期的砖雕都可以称为陶瓷壁画。陶瓷壁画的装饰意念往往源于伦理、娱乐和审美等各个方面；其表现手法多种多样，形式风格也是千姿百态。陶瓷壁画处于建筑与绘画的边缘状态，不仅反映特定时代的政治、经济、思想意识、审美情趣等，也反映科学技术的发展和进步[1]。例如，日本陶艺家会田雄亮采用抽象的表现手法来进行创作，他的陶瓷壁画作品将陶艺与建筑完美地结合在一起，并在真正意义上走入了人们的生活。

（3）陶瓷瓦。陶瓷瓦可分为无釉陶青瓦和彩釉琉璃瓦两种。无釉陶青瓦在中国古代用于民间建筑房顶，烧成温度较低，具有防水的功能。在房顶青瓦排列的最前端有一片与其他青瓦不同的瓦片，该瓦片前端有一个圆形的平面，名为瓦当。古时瓦当一般会进行一些装饰。现在建筑房顶中无釉陶青瓦的使用较少，青瓦已渐渐失去它作为房顶建筑材料防水的功能，但有一些艺术家把青瓦当作瓷砖在建筑室内或室外墙面、地面进行装饰，其装饰的形式感很强。彩釉琉璃瓦是在陶瓷干坯上施以琉璃彩釉，包括绿色、黄色、褐色、蓝色等多种颜色。琉璃瓦起源于中国的隋唐时期，主要用于宫廷建筑和佛教建筑的屋顶，有时琉璃瓦也制作成屋脊兽用于屋顶。明清时期，琉璃瓦当作建筑外墙瓷砖使用。例如，明代的山西大同《九龙壁》就是琉璃瓦制作的，清代的琉璃牌坊也是由琉璃瓦拼贴而成。

显然，建筑陶瓷在建筑空间中起着装饰建筑、美化环境的作用。它传承了传统陶瓷文化的艺术语言，并在新时代、新环境下给人带来回归自然的艺术体验。近二三十年来，建筑空间艺术由20世纪初的现代主义逐渐开始向后现代主义风格转变，设计

---

① 赵云川：《陶瓷壁画艺术》，辽宁美术出版社2002年版。

理念也由最初的注重功能性转而强调注重人与空间的和谐相处。这种观念上的转变，使得各种新材料、新技术得以在空间构成中得到越来越多的应用，而建筑陶瓷这一具有浓厚人文意义的艺术形式则成为新艺术形式的重要组成部分，陶瓷自身所具有的独特魅力成为其区别于其他艺术的独特优势，越来越多的环境设计师开始关注这一艺术表现形式。建筑陶瓷设计作为一种公共性设计表现了公众文化及自然环境观，已在一些现代建筑空间构成中崭露头角。置于环境中的建筑陶瓷设计减弱了混凝土建筑的冰冷感和建筑与人之间的疏离感，增加了空间的人文情结及人与其所处环境的和谐感，传达给受众精神的愉悦感。并且，建筑陶瓷的艺术形式灵活多变，文化内涵丰富，俨然已成为现代生活环境空间中传播现代文化和提升大众审美品位的重要媒介。

中国艺术家张玉山对现代环境陶艺曾有过相关研究，他认为："'环境陶艺'一词，是近二十几年才在日本、韩国等国与中国台湾地区出现的。"[①] 他认为，环境陶艺从字面上理解是公共环境中的陶艺，是适合于特定的公共环境空间的陶艺。但环境陶艺的概念并非简单概念的叠加，而是公共艺术的一种形式，其伴随着城市公共艺术的发展，是在特定公共空间设计的景观艺术形态。它主要是指在城市规划区域范围内广场、公园、道路、绿地、居住区及其他活动场地的陶艺设计，其艺术形式不仅局限于户外空间，其艺术载体形式包括开放性的、可供公众以不同方式感知或参与其中的陶瓷壁画、陶瓷雕塑、装置、水体、城市公共设施、建筑体表装饰及标识物、灯饰、路径、园艺等。客观上，这些艺术方式和艺术活动会在长期公共文化的实践中被社会公众所接纳和延续。环境陶艺作为一门公共艺术，既体现了环境艺术的公共性原则，又具有陶瓷艺术本身的特征，此处主要是指陶艺融于公共环境空间的视觉艺术。

从张玉山的描述中，可以更进一步明确建筑陶瓷是环境艺术的表现形式之一，是环境陶艺的分支。据笔者了解，"环境陶艺"源于西方，是现代陶艺的分支，是环境艺术与陶艺相结合的一种艺术形式，因此其具备后现代主义强调公共性的特点，反映出现代人的审美观念和审美趣味，是一种与周围环境相协调的公共艺术形式。陶具有其他材料所无法比拟的独特性，它注重表现环境的亲和感，强调人与环境的和谐。环境陶艺所体现的是一种与城市环境产生的文化互动和与欣赏者产生的情感互动关系，表现一种公众性的文化。设计是以人的需求为动力的，设计环境除了要考虑功能、材料、技术、经济等各方面因素，审美性设计应上升到精神文化层面，要注重环境及其在提升空间文化方面的作用。由于环境陶艺总是被置放于室内或室外环境中，因此极易融于周遭环境，构成和谐而富有文化内涵的人居空间。作为公共艺术，自然环境、社会环境、历史环境、人文环境都决定了环境陶艺主题思想的表现与传达，同时又与之有着不可分割的联系。对于公共艺术来说，民族文化、地域文化、时尚元素都会影

---

① 张玉山：《环境陶艺设计》，湖南美术出版社 2010 年版。

响环境陶艺作品文化内涵的表达。

综上所述，在笔者看来，随着近年来环境艺术的发展，建筑陶瓷作为其艺术形式之一，逐渐被人们所接纳和喜爱。因此，建筑陶瓷在作为环境陶艺时是指艺术家发挥陶瓷材料特性在特定环境空间内创作的陶艺作品。建筑陶瓷在装饰建筑环境的同时，鉴于其与空间结合的适应性，可以在一定的精神层面给予人关怀与提升，并具有宣传地域文化、民族文化的审美特性。其艺术形式涵盖在环境艺术里，属于环境艺术的形式之一，这一类建筑陶瓷也可称为建筑环境陶瓷。

二、建筑公共空间中建筑陶瓷的特性

建筑陶瓷是处于特定建筑环境空间内的陶瓷，与一般的欣赏类陶瓷艺术品不同，它是环境艺术的一部分，是公共艺术的一种表现形式。从上述建筑陶瓷的定义和表现方式中可以总结出建筑陶瓷的三个特性：第一，建筑陶瓷是在建筑公共环境空间中展示的，它不是一个孤立私密的陶瓷作品，而是需要大众的参与，与大众产生互动，因此建筑陶瓷具有公共性；第二，建筑陶瓷需要得到大众的认可，因此它要体现一个地域群体的认知和需求，反映当地或当代人们的社会追求，寄托人们的理想和精神向往，因此建筑陶瓷具有地域性；第三，建筑环境陶瓷作品是艺术家创作的产物，是艺术家内心世界和情感表达的一种艺术形式，具有一定的艺术性。

（一）建筑陶瓷的公共性

建筑陶瓷是公共艺术的一种表现形式，具有公共艺术的特有属性——公共性。其中"公共"的含义是指社会公众，即其是以大多数人的艺术品位为前提的。这就要求艺术家在进行建筑陶瓷创作时既要创作出表达自己内心情感的建筑环境陶瓷作品，也要设计出符合大众审美的，并与建筑公共环境相互协调统一，能与大众产生共鸣的建筑环境陶瓷作品。

建筑陶瓷的公共性是指大众有权利进入公共场所，自由地欣赏建筑环境陶瓷作品，并与其互动，可以是大众参与到建筑环境陶瓷设计制作中，也可以是大众在欣赏作品时与作品产生精神共鸣。

美国镶嵌艺术家艾赛尔·在伽（Isaiah Zagar）与妻子居里亚·在伽（Juria Zagar）在美国费城南大街居住了近40年。对于这里，在伽夫妇怀有深厚的感情，也倾注了一生的热情。他们带领着这一地区的居民用回收的瓷片和玻璃碎片镶嵌在墙壁上进行马赛克创作，把费城南大街10街区至12街区的20多面墙壁装饰成了生动有趣的公共建筑环境陶瓷作品。这组作品一方面体现着建筑陶瓷的公共性，另一方面也表达出建筑陶瓷是社会大众的艺术。独具特色的陶瓷镶嵌加上自由奔放的涂鸦形式，给公共环境带来了许多色彩和快乐，也给人们带来了轻松愉悦的视觉享受。

丹麦陶艺家妮娜·霍勒（Nina Hole）时常将陶瓷与其他材料结合起来进行创作。她喜欢以房子为主题，在陶艺作品的烧制过程中，利用火制造景观效果，使作品在不同烧制时间段随着不同的温度而呈现出不同的色彩和景观。《大家共同的家》是妮娜·霍勒带领当地居民制作的大型公共陶艺雕塑作品，这种制作方式不仅让当地民众参与其中，体验到了建筑环境陶艺制作的快乐，而且符合现代生活的审美需求，是建筑环境陶艺公共性的体现。妮娜·霍勒认为作品的制作过程与作品本身同样重要。她的作品有一种原始建筑的形式感，表达着对当今生态环境的担忧，期望周边的生活环境能够更加纯粹。她的作品不仅拉近了人与自然的距离，也引发了大众对人与自然之间关系的思考。

中国陶艺家朱乐耕的环境陶艺作品总是给人一种回归自然、回归生命本源的感受。生命一直是他热衷表现的主题，他制作的大型建筑陶瓷壁画《生命之绽放》由无数个像花、叶子一样形态的陶瓷碎片排列组合而成，作品整体色调为白色，象征着生命像花儿一样纯洁地绽放。该作品表达的是自然界生命自由萌生的璀璨过程，让观者在内心中构想出有树叶、嫩芽、苔藓、鲜花、河流等似真似幻的美妙世界。再加上作品丰富的层次，高低错落的形式美，给观众带来动感的旋律，让观者心情舒畅。这是作者想让观众感受到的情感，它是从作者内心流出来的景观。整件作品高95米，宽29米，观众在欣赏时仿佛沉浸在自然的怀抱之中，与作品融合在一起。这种亲密的接触让人们仿佛能够感受作品的生命力，提供了一种深入心灵的震撼体验。作品因人的观看而完整，观众因观赏作品而心灵明净。

艺术家在创作建筑陶瓷作品时，应该更多地考虑到特定环境中观赏人群的接受程度和审美倾向，否则不仅不能带给人轻松的氛围，还可能会导致文化污染。现代城市建筑的千篇一律导致现代人对生活环境产生视觉疲劳，附有归属感的建筑陶瓷作品可以与冰冷的建筑物形成鲜明的视觉反差，让生活在这一地区的人们产生情感的归属。建筑陶瓷在建筑空间环境中营造的环境氛围，也能让人们在忙碌的工作之余得到些许放松和精神享受。

（二）建筑陶瓷的地域性

建筑陶瓷是公共艺术的表现形式之一，是在特定建筑公共空间中所展示的以陶瓷材料为主的陶艺作品。建筑公共空间具有地域性。按照社会学的解释，建筑的公共空间就是一个公共活动场所，它以地理区域为基准。地域这个概念具有较大的延展性，它可以是一个社区、一个国家等，这个区域内的群众或居民有着公共的意识形态，有着较为密切的社会活动。而地域性是指地域中实物所共同具有的特性。准确地说，地域性所体现的是一个地区内的自然环境、文化、风俗、生活方式及其物质载体等各种因素的相对类似性。地域性本身并不代表差异性，地区本身之间的差异才造成了地域性之间的差异。建筑陶瓷总是受到建筑公共空间地域性的限定，在这个地方是一件好的陶艺作品，可能换一个建筑公共空间就不太合适，这是因为建筑陶瓷所在的特定地域或空间环境的改变，影响到了这件作品的内涵表达，其他地区的观众也就感受不到作品的内在含义。因此建筑陶瓷具有很强的地域性。

建筑陶瓷的地域性是指与所处空间的地域文化、自然条件和周围环境和谐共生的公共陶艺作品的基本属性，也是建筑陶瓷特有的人文关怀。

例如，由著名陶艺家秦锡麟与黄焕义共同设计创作的环境陶艺作品《门》坐落于景德镇机场，该作品很好地诠释了景德镇的地域特色。首先，艺术家以陶瓷作为创作材料，把景德镇传统陶瓷瓶的形状镶嵌在如门框造型的空间中，象征游客从机场出来就是进了景德镇的大门，就能看到景德镇丰富多彩的陶瓷；其次，艺术家在进行装饰设计和创作中运用到了景德镇的青花元素，青花是景德镇的经典装饰之一，艺术家把青花作为装饰元素进行现代化的设计，把青花装饰进行抽象变形，再打散，利用切割的构图方式来装饰。艺术家不仅巧妙地运用了景德镇的传统元素，也让观者感受到古代装饰与现代设计的巧妙结合。在色彩的运用上，其整体色调是蓝色，但在门框的造型上做了一个由下向上颜色从深到浅的变化，体现出一种升腾的感觉，表达着景德镇陶瓷也在不断地发展，不断地创新。作品与周围环境也做到了很好的协调，艺术家巧借了景德镇的瓷艺文化——青花和瓷瓶，以景德镇陶瓷传统特色为出发点，结合现代设计，完成了这一件具有景德镇本土特色并具有现代设计感的建筑陶瓷作品。

再如，陶艺家朱乐耕的《爱莲图》是一幅长 168 米、高 25 米的陶瓷与本地所产的星子石材结合的陶瓷壁画作品，灵感来源于中国宋代文学家周敦颐的《爱莲说》，是艺术家根据中国九江市的人文特色而创作的。作品以荷花为主题，其寓意是"和和（荷荷）美美"。整幅壁画作品展现出荷花的蓬勃生机。艺术家把荷花和莲蓬的造型有意识地进行了夸张和变形，作品中的花瓣洁白厚大、根茎硕大，既展现出荷花的洁白美丽、生命力旺盛，也表现出荷花"出淤泥而不染"的高洁品质，更象征着九江人民的高贵品格和人文精神。莲蓬中莲子粒粒饱满，表达出生生不息的生命内涵。作品整体背景为蓝色，如湖泊一般，而壁画中的鱼和树叶让整个画面更加生动有趣，整体色调和谐且饱满。这幅陶瓷壁画位于九江市的一个荷花池岸边，观者在欣赏荷花之时也能领略壁画中的荷花之美，感受到本土文化的气息。这就做到了作品—人—环境的和谐共生，透露出"天人合一"的生态美学思想。整件作品不仅画面和美，而且表达着人与自然的和美、人与人的和美，增加了作品的可读性，也体现了建筑陶瓷的地域性原则。

建筑陶瓷的地域性决定了艺术家在进行建筑陶瓷设计及创作中应尊重当地的地域环境和地域文化，建筑陶瓷作品不仅要与周边环境和谐共生，还应该兼顾当地群众或观众的审美情趣。充分地考虑建筑陶瓷的地域性特点能增强周边环境的地域特色，深化观众的认同感，并提高他们的舒适度，从而丰富建筑陶瓷的多样性，避免出现"雷同化"及"概念化"的作品。

（三）建筑陶瓷的艺术性

环境陶艺是现代陶艺的分支。现代陶艺是指在个性、艺术性、科技性和创新性等现代精神的指引下创作的陶瓷艺术。因此，艺术性是环境陶艺重要的艺术特征之一，而作为环境陶艺分支的建筑陶瓷同样具有艺术性的特点。陶瓷艺术是泥与火的艺术，其经过几千年的发展，形成了自己独特的审美形态和艺术语言。丰富的肌理和形态表现，釉色烧成的不可预见性和神秘性都为陶瓷作品带来意想不到的效果。随着科技的进步，建筑陶瓷可以实现与各种艺术种类的融合表现，如雕塑、油画、剪纸、丝网印刷技术等与陶艺结合都有很出色的表现。

建筑陶瓷很重要的作用就是美化建筑公共空间环境，提高建筑公共空间的艺术质量和观众的审美情趣。艺术家在结合当地群众审美心理的前提下，通过超前的设计意识和高雅的设计品位创作出的建筑陶瓷作品不仅能得到大众的喜爱，还能成为一些地域或城市的标志性作品。例如，中国雕塑家魏华在广东省佛山市设计的《亚洲艺术之门》。这件作品是艺术家运用中国汉字"門"的象形元素结合佛山石湾特有的陶文化"瓦脊公仔"创作而成的。整件作品高 16.8 米，由 2839 块陶板组成。作品气势磅礴，造型设计简洁大方，整件作品装饰着极具中国特色的历史题材纹样，构图细腻丰富，给人以强烈的视觉冲击。作品寓意着亚洲各国文化艺术的既相互独立又相互依存。魏华的作品带有自己浓重的艺术特点，他把家乡的民间木雕艺术元素和风土人情融入作品之中，其作品中不仅充满着厚重的艺术色彩，还带有少数民族特色。《亚洲艺术之门》不仅成功地展现了当地的陶瓷文化，也体现出中国的特色民族文化，是当地的地标性建筑陶艺景观。

挪威艺术家乌拉·里斯莱鲁德总是将陶瓷与各种材料、艺术门类结合来设计创作，喜欢跨界的创作形式。他作品中所运用的技法和材料一样丰富。他喜欢运用建筑元素，其作品《华夏拱门》是他在中国广东佛山陶瓷城设计制作的。该作品以拱形结构的门作为造型，寓意着穿过过去、通往未来。该作品通过将手绘稿或照片进行 Photoshop 处理，再用丝网印刷技术制成贴花纸贴在瓷砖上，整体画面现代感十足。从该作品中能看到现代流行元素与视觉设计的融合，新颖的构图赋予了瓷砖装饰新的艺术形式。广东省佛山市作为中国建筑陶瓷的主要产区，艺术家运用当地的建筑陶瓷材料创作出新颖的环境陶艺作品，不仅宣传了当地陶瓷文化，也赋予了建筑陶瓷新的装饰形式。乌拉·里斯莱鲁德的其他作品如《堪萨斯城门墙壁》《火》都是多门艺术相结合的综合装饰，很好地表达了建筑环境陶瓷的艺术性特点。

建筑环境陶艺的艺术性要求艺术家设计创作出符合公共空间环境并富有创意的建筑环境陶艺作品。优秀的建筑环境陶艺作品既体现出艺术家独到的艺术思维和敏锐的艺术洞察力，也表达出艺术家对公共空间观众的人文关怀。

三、小结

建筑陶瓷是环境陶艺的分支，是现代陶艺在建筑中的一种表现形式，是环境艺术与陶艺相结合的艺术形式，是公共艺术的一种表现形式。它与建筑有着不可分割的关系，在建筑装饰中表现为瓷砖装饰、陶瓷马赛克装饰、陶瓷壁画装饰、瓦片拼贴组合装饰，它具有环境陶艺的公共性、地域性、艺术性的特点。在强调将艺术生活化的今天，建筑陶瓷作为公共艺术介入建筑空间环境当中，它已经不再是陶艺家自身纯粹的艺术行为，而是满足人们精神享受需求、寻求自然回归的公共环境艺术。从事公共艺术创作的陶艺家要从公共艺术的角度考虑建筑陶瓷是否与建筑环境、自然环境、人文环境相协调，艺术题材和形式是否与观者的审美情趣及地域人文特色相匹配。建筑陶瓷不仅是装饰建筑空间环境的一门公共环境艺术，更是人们寻求自然回归和情感关怀的一种精神寄托。它服务于社会，服务于大众。

建筑陶瓷因其丰富的艺术语言和题材多样的内容表达，以及陶瓷泥土与釉色结合所展现出的偶然性和自然性，改善了城市单调冷漠的空间环境，提升了城市环境的人文内涵。它把人们从繁忙的生活工作中引向心灵升华的艺术空间，使人们置身空间环境时得到美的享受。画像砖、瓦当、琉璃瓦、砖雕的装饰形式和美学思想反映着特定时代的人文特色和社会面貌，而这种装饰形式与美学思想也是当今环境陶瓷壁画和建筑环境陶瓷所应该借鉴的。

第二节　中国古代建筑陶瓷

中国古代已经将陶或陶瓷应用于建筑的装饰中，主要表现为以下几种形式：秦汉时期的画像砖与瓦当、隋唐时期以来的建筑琉璃、明清时期的砖雕。从以上几种中国古代建筑陶瓷的形式来看，中国古代的建筑陶瓷与建筑有关，属于建筑装饰中的一种形式。

一、秦汉时期的画像砖与瓦当

（一）画像砖

画像砖，作为建筑用砖。最早出现在宫殿，是一种建筑装饰构建。在秦国的咸阳、燕国的下都、楚国的邯郸等地，均出土过带有简单图案的画像砖。墓室画像砖的出现与我国的丧葬制度密切相关。秦代最先开始用空心砖替代木板建造椁室，用花纹砖装饰墓葬，但秦代的画像砖较为稀少。汉代，画像砖进入了发展的繁荣时期，对墓室建筑的精心营造，是这一时期王公贵族所崇尚之事。汉代画像砖作为一种祭祀性艺术，具有很强的稳定性和传承性。就其装饰内容来说，画像砖"不是一种自由创作艺术，而是严格按照当时占社会统治地位的儒家丧葬礼制去选择和确定图像内容"。画像砖的题材与内容相当丰富，包括神仙瑞兽、神话传说、社会生活、装饰花纹、民俗五大类。无论画像砖的内容是什么样，有一点可以肯定，画像砖作为墓室建筑的重要装饰部分，其内容、形式与建筑的构成意念相吻合，并附有极大的精神使命[①]。

汉代画像砖主题图像的制作多用模印、刻画、雕刻等方法，这使画像砖的表现技法呈现出多样性的特点。汉代画像砖所表现的阴阳世界，反映了墓主人对死后世界的想象以及汉代人面对生死普遍的思想观念，是当时人们对阴间生活的假设与表现。诚然，由于古代人类在认识与思维规律上的局限性，其理想图景的创造依然以现实生活为蓝本。因此，汉代画像砖艺术一方面描绘的是纷繁复杂的灵魂世界，另一方面又展现出了一系列真实生动的汉代社会生活情景。汉代画像砖中的伏羲、女娲、日月星辰、龙凤异兽、精怪等神秘形象，极其生动地反映了汉代人的图腾崇拜等思想观念。同时，在汉代画像砖中大量反映着汉代的哲学思想。同时，大兴墓室还体现了汉代人的"忠""孝"观念，以及当时权威的贵族情结。基于这种观念，陵墓建筑、墓室构造、明器、壁画的构成都是向着永生的愿望方向发展，向着模仿和再现现实生活方向发展，壁画在这里一方面要遵循艺术的审美规律，另一方面还受到墓葬观念的制约。因此，从严格意义上讲，壁画不是以纯粹的装饰为目的，它同其他明器一样隶属于建筑总体，包含着当时人们对生死问题的认识以至对死后世界的构想。

（二）瓦当

瓦当最早用于西周，在春秋战国和秦代继续发展，到汉代发展到高峰。汉代是中国建筑史上的第一个高峰期，在这个时期，许多规模大、结构好、装饰美的宫廷建筑物涌现出来，如长乐宫、未央宫等，气势雄伟壮丽，规模宏大。建筑的繁荣发展极大地促进了建筑装饰物——瓦当的发展。"秦砖汉瓦"一词也表达了汉代的瓦当艺术在当时成就很高。

汉代以前，瓦当主要是图像瓦当和图案瓦当，汉代瓦当出现了文字瓦当这种新的类型。因此，汉代瓦当主要有图像瓦当、图案瓦当和文字瓦当三种类型。它们共同的装饰特点是其纹样在瓦当中组成一个完整的画面。瓦当一方面用来防止瓦片的脱落，保护屋顶延长建筑物的使用寿命；另一方面，瓦当整齐地排在屋檐上，起到了装饰和美化建筑的作用，而瓦当上的各种纹样装饰不仅使得瓦当本身美观，也增强了建筑物

---

① 周振甫：《周易译注》，中华书局 2009 年版。

的审美效果。由此看来，瓦当不仅仅是单纯的陶制品，更是"实用工艺"和"审美艺术"的结合。并且，瓦当不仅是实用的艺术品，它还是当时社会弘扬社会伦理、精神追求、艺术喜好的载体，很好地做到了内容与形式的统一。

儒家思想追求形而下之物，道家和释家追求形而上之物。《易经》曰："形而上者谓之道，形而下者谓之器。"汉代瓦当兼具实用理性和装饰之美，有"器"与"道"的层面。形而上表现在瓦当的审美形态上，形而下表现在瓦当的造型和装饰纹样上。汉代瓦当几乎都是圆形，半圆形的较少。究其原因是半圆形的瓦当不及圆形的瓦当功能性强，造型也不及圆形的好看。半圆形瓦当给人一种缺失、不完整、遗憾的感觉，而圆形瓦当则给人一种和谐、圆满、充实的美感。汉代瓦当结构布局多样，装饰题材丰富，形式精美。汉代瓦当结构布局主要包括对称性结构、螺旋形结构、自由结构三种。装饰题材包含水云纹、动物纹、神兽纹、植物纹和文字纹样，不同的纹样体现着汉代人不同的审美意象。汉代瓦当的审美意象体现了汉代人高超的艺术创造力、独特的艺术思维、丰富的艺术想象力和强烈的审美意识。汉代瓦当纹饰并不是对自然界或社会生活的简单模仿，它的装饰纹样大胆又极具审美，是汉代人独特、丰厚而鲜明的审美风范的呈现。

二、隋唐时期以来的建筑琉璃

随着建筑建造技术和制陶技术的发展以及外来文化的融合，古代统治者不满足于皇家宫殿房顶的舒雅色彩，开始将一种新的建筑材料运用在宫殿建筑中，这种材料便是琉璃。据《西京杂记》记载："赵飞燕女弟居昭阳殿……窗扉多是绿琉璃。亦皆达照，毛发不得藏焉。"[①]从这段文字可见，中国在汉代就开始把琉璃用于建筑装饰，而且透明度高，有光泽。但东汉时期，中国才成功地烧制出瓷器，古代琉璃因烧制温度的限制，所以加了铅做助熔剂，导致当时的琉璃瓦透明度低，因此可以猜测这一时期的琉璃多为西方传入。从汉代到南北朝时期，琉璃器出土不少，但舶来的居多，用于建筑的琉璃制品出土很少。最早实物出土的建筑琉璃制品当数北魏时期，当时北魏的皇宫宫殿已经开始使用琉璃瓦，但装饰的部位比较少。

隋唐时期，国家的统一和建筑业的发达使琉璃烧制工艺得到很大的进步。最先是隋文帝时期烧出绿瓷琉璃建筑部件，并将其应用于宫殿建筑上。唐代，琉璃在建筑中的装饰应用比之前扩大了很多。宋代是中国古代建筑的又一辉煌时期。建筑琉璃开始大面积地在屋顶和房屋构建中使用，无论是群体建筑还是单体建筑，都力求装饰和色调的统一；同时，建筑琉璃开始向标准化发展，这无疑增加了建筑的艺术效果。元代，琉璃的制作在原料、工艺、釉色等方面都有了很大的进步，颜色的丰富使琉璃运用的建筑范围更加广泛。宋元时期是建筑琉璃的成熟期，这一时期的琉璃不仅在宫殿建

①（汉）刘歆：《西京杂记校注》，上海古籍出版社1991年版。

筑中使用，在寺庙、寺塔、陵寝等也有使用。明清时期，琉璃大量用于宫殿、陵寝、庙宇以及达官贵族的园囿、宗祠等建筑中，这一时期的建筑琉璃从数量到质量均超以往。虽几经沧桑，许多古代建筑坍塌毁坏，但保留下来的明代琉璃艺术佳品仍极为丰富。

从汉代琉璃的萌芽到隋唐琉璃的发展直至明清时期琉璃的全盛，建筑琉璃不断地在建筑装饰中营造了一个又一个的绚丽装饰，其中代表作品有大同市九龙壁、观音堂三龙壁、紫禁城琉璃牌坊面等，如今依然受到人们的广泛喜爱。它们作为建筑中的一部分，同朱色的门墙、描金敷彩的斗拱门楣及汉白玉石雕等一起，构成了色彩丰富、造型别致的空间环境。

在古代琉璃装饰中，极具代表性的琉璃制品是琉璃照壁。照壁是中国传统建筑特有的部分，一般出现在大型宅院式建筑中，建在大门内。琉璃照壁是照壁的一种。在中国最有名的琉璃照壁当数山西省大同市的明代九龙壁、北京北海公园清乾隆九龙壁和北京故宫博物院内宁寿门乾隆中期九龙壁。九龙壁是琉璃照壁中规模最大、艺术性最强的一种。山西大同九龙壁建于明洪武末年，是明太祖朱元璋的第十三子朱桂代王府前的琉璃照壁，距今有 600 多年的历史。壁高 8 米，厚 202 米，长 455 米，整体画面以九条龙为主。九条龙均匀分布，龙与龙之间以山川、海水、云、花草等浮雕相连，互相烘托。运用绿、黄、紫、蓝、白五种釉色，整体色调深沉浑厚，气势雄伟壮丽。

三、明清时期的砖雕

砖雕艺术由来已久，最早是从秦代瓦当和画像砖发展而来的，明清时期达到巅峰。砖雕早期基本上在墓室中使用，到明代，砖雕由墓室砖雕发展为建筑装饰砖雕。

由于中国古代的社会等级制度对色彩的要求很严格，只有王公贵族才能在建筑中进行色彩的装饰，宋朝的《营造法式》中提倡"庶民庐舍""不许用斗拱，不许涂饰彩色"。所以，普通的民间住宅在当时都是黛瓦、粉壁、青砖和原木色，保持着砖木石材的天然纹理之美。明清时期砖雕主要运用在民间建筑，虽没有色彩艳丽的建筑装饰，却营造了古朴幽静的建筑特色。如徽州建筑装饰砖雕，其装饰特点是，雕刻层次丰富，表现内容广泛，注重细节的雕刻。由于受当时文人画派的影响，徽州砖雕在构图上非常讲究。砖雕的装饰内容有民间生活类、吉祥图案类、神话故事类、山水花鸟类等，这些装饰题材通过匠人精湛的工艺，栩栩如生地表现在砖雕中，不仅装饰了建筑，还增加了生活的情趣。砖雕虽不及宫廷建筑装饰富丽堂皇，但它更亲近自然和人民的生活。因此，它可谓民间大众的艺术形式。

从上述古代建筑装饰的表述中不难看出，中国古代建筑陶瓷有着悠久的历史和辉煌的成就。建筑中的陶瓷装饰不仅展现出当时制陶技术的水平，也展现出当时人们的审美倾向。每一种技术的发明和新工艺的诞生，都不断地提供着新的媒介物，从而引发人们去创作新的艺术形式。古代画像砖、瓦当、建筑琉璃、砖雕艺术都给现代建筑环境陶瓷的设计和创作带来许多启示。

第三节 现代建筑陶瓷的主要形式

建筑是公共环境艺术的主角，是城市空间的主体和结构骨架。它决定着城市总体规划设计的立意主体和风格。现代建筑依靠许多新技术材料的发现和应用来创造新的美学和观念形态。建筑陶瓷这种传统的建筑材料，通过与新技术、新观念的结合而得到新形式的发展。建筑陶瓷特有的厚重感、肌理、色彩和现有大规模的制作潜力，以及陶瓷所折射的人文、历史关怀而产生的独特魅力，正越来越受到大众喜爱。那建筑陶瓷以什么形式融入建筑呢？从现有的建筑环境陶瓷作品来看，建筑环境空间中的建筑表现形式可分为三种：①瓷砖形式的建筑环境陶瓷。这种形式的建筑环境陶瓷一般作用在建筑的内外墙壁、地面等，所表现的方式也有多种，可借助瓷砖本身的装饰图案、肌理和颜色进行规整或打散的拼贴。值得一提的是，随着科技的进步，现代瓷砖的装饰画面及肌理也不仅仅是普通的花纹，许多瓷砖结合数字印刷技术（数字印刷是将数字化的图文信息直接记录到承印材料上进行印刷。也就是说，输入的是图文信息数字流，输出的也是图文信息数字流，要强调的是，它是按需印刷、无版印刷，是与传统印刷并行的一种科目）、照相制版（照相制版是利用照相复制和化学腐蚀相结合的技术制取金属印刷版的化学加工方法）、装饰和成像技术，作用在大尺寸的瓷板上，已经创造出瓷砖装饰表达的新审美和新方式。还有一种是通过陶瓷马赛克的形式把瓷砖进行有意识的艺术拼贴。②陶瓷壁画形式的建筑环境陶瓷。陶瓷壁画是相对于瓷砖而言的一种陶瓷浮雕，它打破了二维的界限，有立体感和陶瓷表面肌理效果，是20世纪80年代常见的一种建筑壁画类型。③以陶瓷瓦为墙地砖的建筑环境陶瓷形式。这种形式是近几年出现的，一般以小青瓦为装饰材料，把它们进行有意识的组合，形成新的画面。这使装饰形式带有平面构成的趣味，使人眼前一亮；小青瓦这种陶瓷材料的使用让人仿佛置身于江南水乡之中，营造出幽静、古朴、自然的环境氛围。下面结合建筑环境陶瓷作品对这几种表现形式进行更深入的讲解。

一、建筑环境空间中的瓷砖装饰

瓷砖作为建筑陶瓷的主要陶瓷制品，代表了工业、艺术与建筑之间的一种有趣并列。近二十年来，瓷砖在建筑中被使用和重新诠释，作为装饰建筑空间的主要材料，为建筑空间环境增添了人文关怀，给建筑环境装饰带来了新的艺术风格。瓷砖在建筑环境空间的装饰表现形式主要有两种：第一种是借助瓷砖本身的装饰图案、肌理和颜色进行规整或打散的拼贴，这一类型的瓷砖有陶瓷公司设计的陶瓷产品瓷砖，也有陶艺家独立设计制作的手工陶艺砖；第二种是陶瓷马赛克的装饰形式，陶瓷马赛克又称陶瓷锦砖，一般是由多块规则或不规则的小陶瓷片在建筑的特定区域进行有意识的拼贴，从而形成新的造型图案。

　　首先介绍借助瓷砖本身的装饰图案、肌理和颜色进行拼贴的形式。这种形式在建筑环境装饰中是最常见的。20世纪中期，瓷砖一般是由陶瓷公司进行设计制作的，然后再投入建筑空间中使用，这类瓷砖由于生产和技术的限制，一般设计简单，装饰变化不够丰富。随着经济的发展，环境艺术得到大众的认可，一些大型公共建筑已不满足于建筑造型的独特，在建筑装饰上也希望有更丰富的变化。因此，许多艺术家开始与建筑师合作。当这两者合作时，新的维度诞生了。正如雅克·赫作格所说："建筑大量的作装饰和表面，艺术家比建筑师更习惯于提出表面的问题。"[1]在近年的大型公共建筑项目中，陶瓷装饰都是由陶艺家与建筑师共同合作完成的。陶艺家针对建筑造型、建筑空间环境、地域文化设计出符合建筑本身的瓷砖装饰。如日本陶艺家击川正道的《爱知县中部国际机场陶瓷装饰墙》，这幅大型建筑环境陶艺作品由两部分组合：一部分以612块瓷砖组合而成，全长27米，高32米；另一部分是摆放在瓷砖装饰墙前面的三个不规则球体。击川正道所追求的是一种洁净、永恒的艺术空间，他的作品艺术设计感很强，主要使用青釉和青白釉，作品整体感觉非常纯净，造型简洁大方。瓷砖上纵横交错的青花线条就如天空上的飞机航线一般，表达着社会上每个人的人生旅途看似平行却又相交。这种设计与机场空间特征相吻合，很好地做到了装饰内容与建筑定位的统一。墙壁前方的球体表面呈现出陶土自然的肌理纹路，给人舒适、自然的感受。艺术家用大面积的白色进行装饰，让穿梭在机场的人们感受到一丝远离都市喧嚣的静谧之美，仿佛置身于一片纯洁的空间当中，使旅客们在疲惫的路途中得到些许的心灵慰藉和精神舒缓。作品形式感强烈，给予了人们美的享受和心灵的关怀。

　　瓷砖不仅用于装饰建筑室内空间，在建筑外观上也有广泛的应用。作为建筑的"皮肤"，瓷砖起到了保护建筑、加强建筑外观造型的作用。西班牙陶艺家恩瑞特·梅斯特·埃斯特勒的作品《芬特·拉·海格戈拉纪念建筑》是由七种不同颜色的纯色瓷砖拼贴而成的，整体高20米，长7米，宽65米，是一座纪念型建筑。这位陶艺家对几何造型有着独特的理解，他用几何形态来表达自己对世界的认知，他把这种形式叫作"沉默几何"。作品中瓷砖以几何的形态进行拼贴，加强了纪念建筑物的几何造型形态，使建筑更加庄重；七种颜色的分布大小不一，给人一种强烈的视觉冲击。

　　陶瓷马赛克是瓷砖装饰的另一种表现形式。这种形式在给人视觉享受的同时，增

---

[1] 张玉山：《环境陶艺设计》，湖南美术出版社2010年版。

加了建筑空间中瓷砖装饰的趣味性。美国陶艺家简·布朗恩·切可的建筑环境陶瓷作品常常运用马赛克和绘图来设计。她的作品吸收了墨西哥原始艺术元素，色彩明快而艳丽，画面层次丰富、细腻华丽，装饰性很强且趣味感十足。其作品《大奖章》便是运用陶瓷马赛克的形式进行制作的。作品由六种不同颜色的陶土进行马赛克拼贴而成，装饰部位是花园的路中间，作品整体以圆形为造型，直径为18米。这幅马赛克作品的特点是随着时间的流逝，马赛克地面磨损，更能呈现一种复古的韵味。这种复古韵味是由大众一起参与而产生的，真正地做到了建筑环境陶瓷以人为本，体现了公共环境艺术的公共性。再者，马赛克瓷砖上的肌理是由一些普通的生活用品制作的，增加了作品的生活气息。整件作品装饰意味丰富，在复古韵味的基础上不失趣味性。

建筑环境空间的瓷砖装饰不仅在装饰上丰富了建筑的环境空间，而且给大众带来了自然生活的气息，不失趣味的装饰效果让人们体验到瓷砖装饰的自然美。

二、建筑环境空间中的陶瓷壁画装饰

陶瓷壁画又称陶瓷浮雕装饰，是相对于瓷砖而言的一种装饰形式。许多大型的陶瓷壁画是由瓷砖拼接而成的，它打破了二维界限，有着立体感和陶瓷表面肌理效果。由于工艺上的限制，大型陶瓷壁画一般都要分割成许多小单元来进行烧制，便于作品的拼接。但切割过小会影响画面的整体效果，所以单元块面的大小取决于画面整体效果的需要。陶瓷壁画的单元块面在切割时依据艺术家的表现手法分为规则几何形和不规则几何形。规则几何形拼贴出的陶瓷壁画通过单元块面的大小变化、错位穿插使画面具有生动且变幻的艺术效果。不规则几何形拼贴的陶瓷壁画是艺术家情趣和个性的自由表达，在拼接工艺上更加复杂，设计更具挑战性，更加富有变化，可以让大众产生更多的联想[①]。陶瓷壁画在装饰纹样上可分为具象的图案装饰和表现肌理的抽象装饰。具象图案装饰主要以一些具体的现实物来进行刻画和雕饰。抽象图案装饰主要是在陶瓷上进行陶瓷肌理的抽象表达，这些肌理没有具体的形象，主要是体现陶瓷本身的材质美。

日本陶艺家会田雄亮的陶瓷壁画试图将陶艺以一种建筑的语言融入建筑环境空间中。他的作品与建筑完美地结合在一起，作品通常展现陶瓷的肌理，泥和火的语言、抽象的表现和组合形式的灵活让他的作品有着气势磅礴和自然、素雅的形式美感。作品《仕诺卡市政府厅壁画》是会田雄亮的陶瓷壁画代表作。该幅陶瓷壁画前卫抽象，陶瓷材质美感的展示和设计语言的应用使画面充满了西式的激情抒怀，又蕴含了东方的空灵韵味。作品注重画面的色彩与灯光、建筑环境的整体协调，作品整体大气，又不失局部细节的刻画，给予大众如诗般的意境和回归自然的真实感动。各种工具挤压出的不同肌理形态结合自由的几何形块结构、表现绘画的线条刻画、古朴自然的釉色

---

① 张玉山:《环境陶艺设计》，湖南美术出版社2010年版。

烧成，形成了这幅气势宏大又不失艺术意境的陶瓷壁画。这幅作品完美地与建筑空间结合，做到了建筑环境与装饰的协调，建筑环境与人的协调，人与作品的协调。

陶瓷壁画是依附于建筑的墙体，因此陶瓷壁画的创作必须要考虑建筑空间环境对作品的影响。陶瓷壁画和建筑空间是一个互动的关系，当陶瓷壁画与建筑空间相协调时，陶瓷壁画的艺术美感才能得以全部体现；反之，一件艺术美感十足的陶瓷壁画作品又提升了建筑空间的品位[①]。

三、建筑环境空间中的瓦片装饰

青瓦在现代建筑环境中的功能已不仅仅是对建筑起保护作用，还有很强的装饰性，它在建筑外墙、地面、室内、屋顶等建筑空间中都有很好的表现。青瓦的排列给人一种秩序的古典韵律美。艺术家在注重青瓦本身的装饰形式时，还在创作中结合周边环境和光影效果，给大众带来不一样的环境感受。由日本建筑大师隈研吾设计的中国美术学院民艺博物馆就巧妙地运用了青瓦这种建筑陶瓷材料。博物馆的建筑形式与地形相互呼应，建筑与环境的完美结合强调了"天人合一"的思想和对自然环境的充分尊重。屋顶有青瓦覆盖，层层叠叠，使建筑有徽州小镇的风情；再在建筑外墙上巧妙地运用青瓦和钢丝相结合的形式进行装饰，把青瓦固定在交织的钢丝上，这样的设计不仅在采光上有很好的效果，并且通过外面阳光的照射在室内形成了有趣的光影效果。隈研吾曾说："我偏爱瓦片这种建筑材料，中国的瓦片跟日本的不同，日本的相对厚重颜色单一。而中国的瓦片让人感受到土的脆弱。"中国民艺博物馆的设计是对陶瓷青瓦装饰的肯定。小青瓦不仅紧扣民艺这一主题，而且在装饰效果上给大众回归自然的真实享受，大众在博物馆欣赏作品的同时也能感受到人文关怀。

瓦片低调内敛的特质使它可以搭配不同的材料和颜色，它的流动感和弯曲造型唤醒了建筑装饰的沉静，给建筑空间带来了活力，并且瓦片在室内装饰和地面装饰中还表现出古典韵味的装饰美感。整面墙可以由各种瓦片与砖通过排列组合形成既有趣又有内涵的建筑环境陶瓷作品。在有序的排列中蕴含着丰富的变化，砖和不同类型的瓦片组合搭配，在形态方面拼出了不同的装饰画面。在地面的装饰中，瓦片与不同的材料重新组合，斑驳错落，组合成了一幅动感十足且排列有序的美丽画面。在日本高滨市的瓷瓦公园，艺术家运用了构成的组合方式把瓦片有序地组合在一起，产生了重复、单一的节奏感。陶瓷瓦片装饰使建筑环境更加活泼多变，层次丰富的排列可以展现出一种富有秩序韵律的古典美。

---

① 陈飞、江伟贤：《现代陶艺与环境艺术》，湖北美术出版社 2004 年版。

第二章　徽派建筑及其装饰特征

第一节　徽派建筑形成条件

在中国安徽省南部，有一个美丽富饶的宝地——徽州。在古代，徽州地区包含了黟县、休宁、祁门、绩溪、婺源、歙县六个县城，现今婺源县被划分到江西境内。徽州地区多丘陵山地，最早是古越人的聚居地，历史悠久，孕育着古徽州人无穷的智慧，创造出灿烂的徽州文化。作为徽州文化特色之一的徽州建筑，独具匠心，别有一番风味。徽州建筑艺术是集新安理学（徽州在唐朝时期被称为新安，到南宋时期改为徽州，新安理学形成于南宋，是中国思想史上曾起过重大影响的学派，在徽州的传播和影响尤深）、徽州版画、徽州雕刻、徽州戏曲、新安画派（明末清初之际，在徽州区域的画家群和当时寓居外地的主要徽籍画家善用笔墨描写家乡山水，借景抒情，表达自己心灵的逸气，绘画风格趋于枯淡幽冷，具有鲜明的士人逸品格调，在17世纪的中国画坛独放异彩。因为这群画家的地缘关系、人生信念与画风都具有同一性质，所以时人称他们为"新安画派"）、徽商文化为一体的综合性艺术，而又以民居建筑最为具有代表性。因此，本书以徽州民居建筑作为徽州建筑的典型代表进行详细阐述，书中出现的徽州建筑均为徽州民居建筑。徽州建筑是中国古建筑最重要的流派之一，包括传统徽州古建筑和现代仿古徽州建筑。徽州建筑的造型及装饰历来为中外建筑大师所推崇。徽州建筑以砖、石、木等天然材质为原料，以木构架为主。徽州文化的核心是"新安理学"，"新安理学"吸收了儒、释、道三家的思想，提倡"天人合一"，因此受"天人合一"思想的影响，徽州建筑注重造型与装饰的和谐美感，并广泛采用砖、木、石等自然材料进行雕刻，体现出高超的装饰艺术水平。

徽派建筑是中国封建社会后期建筑派系中的一个重要流派，它以其所保留的传统工艺、独特的风格和卓越的成就，为中国建筑历史写下了浓墨重彩的一页。徽派建筑在中国建筑史上占有重要地位，是珍贵的中国古代文化遗产。2000年，由徽派建筑群形成的有近千年历史的黟县西递、宏村两处古村落，被列入了世界文化遗产名录。徽派建筑已成为人类共享的珍贵财富。任何一个建筑流派的形成，最初都是从实用功能开始，由地理环境条件决定了建筑的基本结构和形式，地方建筑材料是建筑结构的基

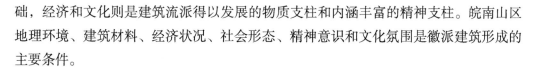

础，经济和文化则是建筑流派得以发展的物质支柱和内涵丰富的精神支柱。皖南山区地理环境、建筑材料、经济状况、社会形态、精神意识和文化氛围是徽派建筑形成的主要条件。

一、地理环境条件

"徽之为郡，在山岭川谷崎岖之中"，山地及丘陵占十之八九。黄山山脉雄峙于境内，新安江水系蜿蜒于山谷盆地之间，山水掩饰，奇峭秀拔，南朝梁武帝时就盛赞"新安大好山水"。徽州地处北亚热带，属湿润性季风气候，年平均温度为 16 ℃ 左右，无霜期 230 天左右。平均一年降雨量为 1400—1700 毫米，年降雨日一般在 120 天以上，并且多集中在 5 月下旬至 7 月上旬。

徽州原是古越人的聚居地，因处于崇山峻岭中，所以历史上称之为"山越"。山越人时期的居住形式，现在虽然没有确切的考证，但是从河姆渡文化现象以及从适应山区生活的实用功能出发，采取的应是"干栏式"建筑。

徽州古代居民多散处，遇有战事，则集中到山头上扼守。山越人平常所居住的"干栏式"房屋，以竹、木为骨架，以茅草为顶。时间一长，便干燥开裂，只得拆除重建，颇为费事。自晋以后，中原士族大量迁入，不仅改变了徽州的人口数量和结构，也带来了先进的中原文化。中原文明与古山越文化的交流融合，也通过建筑形式直接体现出来。早期的徽派建筑仍保留有干栏式建筑的特征，楼下矮小，楼厅宽敞，楼上厅室作为日常生活起居的主要场所。后来，随着砖墙防护的安全性提高和排水系统的通畅所带来的便捷，以及室内木板装修的防潮作用明显，徽州民居的建筑逐步演变为楼下高大宽敞、楼上简易的形式。至于徽派建筑外观特色之一的白色石灰粉墙，也是由于皖南山区的潮湿所带来的选择，不仅仅是出于防潮功能的需要。石灰粉墙可以大量吸收空气中的水分，以保持建筑物墙体的干燥度，使墙体不至于因雨水的冲刷而坍塌。白墙黑瓦的建筑，掩映在青山绿水之间，形成了如诗如画的建筑景观和人居环境。

二、建筑材料条件

徽州多山，林木资源丰富，为"立帖式"的木构架形式房屋提供了优良的建筑材料。

走进徽州古村落，走进祠堂或民居，不难发现，无论是抬梁式还是穿斗式的梁架结构，都具有共同的特点，那就是用料硕大。特别是横梁，因其粗壮，俗称"冬瓜梁"；又因其形如新月平卧，雅称"月梁"，通体显得异常恢宏壮美。立柱用料也颇雄大，或圆或方，雄而不笨。山多石材也多。历史上许多从外地迁来徽州定居的人首先要看地形、环境、水流，此外，还要看建筑材料。

徽派建筑外观最引人注目的是马头墙的造型。这种建筑形式是将房屋两侧的山墙升高超过屋面及屋脊，并以水平线条状的山墙檐收顶。为了避免山墙檐距屋面的高差过大，采取了顺坡屋面逐渐跌落的形式，既节约了建筑材料，又使山墙面高低错落，富于变化。马墙这一建筑形式在徽州的出现，始于明代，目的是防止火灾蔓延。由于徽州建筑以木结构为主，稍有不慎，即引发火灾，在建筑密集区，更容易造成重大损失。明弘治癸亥年（1503 年），广东博罗人何歆就任徽州知府。为了解决府城及城乡的火灾损失，他经过实地考察，下令采取措施，以五家为一组，建造高出屋面的山墙，以阻挡火势。后来，事实证明，建筑封火墙对减轻居民密集区的火灾损失大为有效。于是，之后居民建造房屋的时候，都自觉地将房屋两侧的山墙建成具有封火功能的墙面。除了防火的实用功能之外，跌宕起伏的马头墙冲破了一般墙面的单调，增加了建筑的美感。

三、经济状况条件

徽州"地狭人稠，力耕所出，不足以供，往往仰给四方"，这是徽州古代的经济特色。在人口不多的时候，尚可躬耕自给，优哉游哉地尽享桃源之乐。随着人口日渐繁衍，产出与需求的矛盾就暴露出来了。一方面是粮食的严重不足；另一方面，山区的土特产品无法与外界交换。这种矛盾刺激了徽州商业的发展。在古代陆路交通极为不便的情况下，相对来说，水路交通比较便捷。一来旅途乘船，比起陆路步行或鞍马劳顿要舒服得多；二来无须雇牲口，经费支出也要省一些。徽州一府六县中，最先走出去经商的是祁门人。因祁门水经浮梁入鄱阳湖，经长江流域可转贾四方，甚是方便。唐代，徽州茶叶主要从浮梁出口，故敦煌变文中记述为"浮梁歙州，万国来求"。南宋建都浙江临安以后，徽州因其地利，新安江流域的水运日益活跃起来，徽商也逐步形成规模。明代中叶以后至清代道光年间的三百余年内，是徽商最为鼎盛的时期。无论经商人数、活动范围、经营行业、商业资本，徽商都居全国各商人集团的首位。徽商的活动范围极其广泛，全国各地都有他们的足迹，甚至发展到海上贸易。尤其是在长江中下游一带，广泛流传着"无徽不成镇"的谚语。徽商经营的行业以利润高的盐、典、茶、木为最多，次则粮食、棉布、丝绸，其他则无业不营，商业资本已达到惊人的程度。明万历《歙县志》称，歙县以经营盐业起家的巨富，"初则黄氏，后则汪氏、吴氏而起，皆由数十万以汰百万者"。正如明人谢肇制在《五杂俎》中所指出的，富室之称雄者，江南则推新安，江北则推山右。清代，两淮八总盐商中，徽商就占了一半，以至乾隆皇帝下江南时也发出"富哉商乎，朕不及也"的感慨。徽商财雄势大，煊赫一时，对长江中下游一带的城镇建设所起的作用巨大。同时，徽商在家乡大兴土木，营建住宅、祠堂、牌坊、书院等建筑，所以方志谓商人致富后即回家"修祠堂、建园第，重楼宏丽"，既促进了地方经济的繁荣，也影响了建筑的风格。徽商所引发的村镇大规模建设，使徽派建筑在形式上更具广泛性，功能上更具全面性，装饰上更具艺术性，内涵上更具文化性，将徽派建筑工艺发展到一个新的水平。

四、社会形态条件

在自然地理环境的封闭性与家族血缘伦理封闭性的双重作用下，徽州呈现出显著的宗法社会形态特点，并且在漫长的历史中得以保存。时至今日，不少古村落古风依旧：聚族而居，不杂他姓。家族谱牒清晰，源流不易混淆。对此，清代赵吉士在《寄园寄所寄》中归纳为"千年之家不动一杯，千丁之族未尝散处，千载谱系丝毫不紊，主仆之严数十世不改"。

在徽州古村落的入口处或中心位置处，往往是气势宏伟的祠堂建筑，它是村落的核心和族人的活动中心。各村各族除了总祠之外，按派系还分别建有支祠；如果家族中出了地位显赫的人，其子孙还可以建家祠以显其荣。祠堂的规模大，与住宅建筑明显不同。总祠、支祠和家祠的建筑风格也不一样，各类祠堂建筑丰富了徽派建筑的内容，体现了徽派建筑卓越的工艺水平。徽州祠堂之多，规模之大，工艺之精，既是由当时的经济实力所决定的，更是宗族综合能力的体现。

五、精神意识条件

徽州自古被誉为"东南邹鲁""程朱阙里"，理学大师程颐、程颢和朱熹的祖籍都在徽州。所以，徽州人特别推崇朱子，其精神、观念对徽派建筑艺术和风格的形成有着很大的影响。

六、文化氛围条件

自宋以后，徽州"名臣辈出""俗益向文雅"，形成了文风昌盛、教育发达的局面。徽州教育的基础扎实，在书法绘画、金石篆刻、音乐戏剧、数学物理等方面，都涌现出众多的杰出人才。文化的发达，丰富了建筑的内容，提高了建筑的艺术水平。

综上所述，不难看出，徽派建筑的形成不是偶然的。它是在特定的地理环境中，受特定的社会背景和经济条件以及文化氛围影响，经过了一段相当长的演变过程才得以形成的。徽派建筑是珍贵的中国古代文化遗产，徽派建筑工艺是徽州古代劳动人民智慧的结晶。对于如何传承文明，保持地方特有建筑风格，在享受现代生活的同时，创造徽派新建筑，不少专家、学者和建筑师进行了大量的研究和探索。通过近二十年的实践，徽派建筑已经走出了古徽州大地，走向了全国，走向了世界。

第二节 徽派建筑及其现状

徽州建筑是江南建筑的典型代表。历史上徽商在扬州、苏州等地经营，徽州建筑对当地建筑风格亦产生了相当大的影响。建筑艺术是以建筑的工程技术为基础的一种造型艺术，它是一种立体艺术形式，是通过建筑群体组织、建筑造型、内部结构、建筑色彩、建筑装饰等多方面结合形成的一种综合性艺术[①]。本节将从三个大方面来阐述徽州建筑艺术，力求全面解读徽州建筑艺术的特点。

一、徽州建筑的造型

徽州建筑平面图如图 2-1 所示。

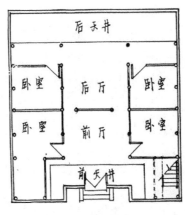

图 2-1　徽州建筑平面

徽州建筑具有很强的视觉美感，高墙封闭，马头翘角，墙线错落有致，白墙黑瓦，色彩典雅质朴。徽州建筑造型最具特色的是其建筑外墙。徽州建筑外墙造型因酷似马头，被称为马头墙。马头墙又称封火墙，是徽州建筑山墙所采用的形式，特指高于两山墙屋面的墙垣。马头墙对于徽州建筑而言，其意义远不仅仅是山墙。更重要的还是其功能。其具有防火和防盗的功能，所以马头墙总是超过屋面。同时，由于徽州人审美观点的支配，使它本身的外轮廓线多呈现出跌落的台阶形式，从而加强了艺术效果。再者，由于徽州地区地形的限制，山地居多，因此人们在建筑房屋时都挨得比较紧以便腾出更多的空间，从而使得徽州建筑造型形成了独特的艺术效果：第一，丰富了村落立体轮廓线的变化；第二，具有强烈的韵律节奏感；第三，具有引人注目的动势感[②]。因此，马头墙成为徽州建筑造型特点中的重要代表，它反映了徽州建筑的特征与风貌，也体现出当时工匠的高超艺术创作力。马头墙的设计反映出徽州人对地形的合理利用，在不破坏环境的前提下与自然和谐统一的融入，体现出"天人合一"的设计生态观。

徽州建筑的马头墙高低错落，一般为两叠式或三叠式，有些较大的民居有前后厅堂，面积较大，马头墙也可达到五叠，当地人俗称"五岳朝天"。当了解其构造的科学性以后，人们不禁为徽州建筑设计师高超的艺术创造力而惊叹。徽州建筑正是因为

---

① 陈祥明：《艺术欣赏》，东北师范大学出版社 2015 年版。

② 彭一刚：《传统村镇聚落景观分析》，中国建筑工业出版社 1994 年版。

有了马头墙，才显得雅致而不落俗套，本来静止的传统墙体，因为有了马头墙而显出一种动静结合的美。在古代的传统文化中，马是一种吉祥动物，从"一马当先""马到成功""汗马功劳"等成语，可以看出中国人民对马的喜爱。如果从山顶俯视整个徽州古村落，这些高低起伏的马头墙，给人一种"万马奔腾"的视觉感，这也寓意着整个村落的人家事业兴旺、生机勃勃。

二、徽州建筑的内部空间结构

徽州建筑的平面布局基本比较方正，属于天井院落式的住宅，绝大多数都是围绕扁平长方形天井为基本单元，单元之中的房屋呈三面或四面围合，轴线取中，两房对称。正房一般面阔三间，前厅临天井，后厅也会开一口天井①。天井的实际作用是房屋通风采光，又因为徽州人对"天人合一"思想的崇尚，觉得在房屋当中开天井能与天地为一体。两侧有厢房，可住人或起到调节起居的作用。徽州建筑结构多为多进院落式集居形式，一般坐北朝南、倚山面水。这种多进院落式结构有点类似中国北方的四合院，但与四合院不同的是，徽州建筑的天井规模通常较狭小，中国北方的四合院则比较宽大，而且徽州建筑天井周围的围墙都以高墙为主，这样是为了适合南方多雨潮湿的气候。厅堂前后方均设有天井（见图2-2），用以通风采光。

图2-2　天井

从现存的徽州建筑（尤其是民居）来分析，徽州建筑的形制特征是在本土建筑的形制基础之上融合了中国北方四合院式的院落特征（合院布局）和长江流域的干栏式建筑（干栏式建筑是河姆渡文化早期的主要建筑形式。现有材料表明，河姆渡文化的干栏式建筑营建技术大致经历了打桩式和挖坑埋柱式两个阶段）的楼居形式，从而逐渐形成了独特的徽州地方民居建筑流派。

徽州民居的空间型制随住宅规模的不同而存在差别。可以按照建筑规模的大小将其分为三类：（1）大型住宅型制。大型住宅一般属于身份显赫的官吏和腰缠万贯的富贾阶层，他们的住宅型制以天井院为基本构成单元，根据建筑面积进行单元组合连接，

---

① 郭谦：《湘赣民系民居建筑与文化研究》，中国建筑工业出版社2005年版。

构成多天井、多房屋的平面格局。大型住宅比较典型的是宏村的承志堂，该民居建筑由当地盐商大亨汪定贵出资建成，设计创意很能代表中国徽州民居大型住宅的建筑特色。（2）中型住宅型制。中型住宅多为官职较低的官员或经济较为宽余的普通徽商建造，住宅的占地面积与营造规模均不及大型住宅，天井院的构成通常只是两至三组对合而成。中型住宅比较常见，如安徽宏村的德义堂就是中型住宅，德义堂建于清朝嘉庆二十年（1815 年），占地面积为 220 平方米。（3）小型住宅型制。小型住宅在徽州占据多数，这类住宅的型制基本符合天井院住宅的格局，有的民居因受到地形、面积的限制，与其他两种类型有所差异，但大体相同。

徽州民居住宅内部结构见图 2-3。

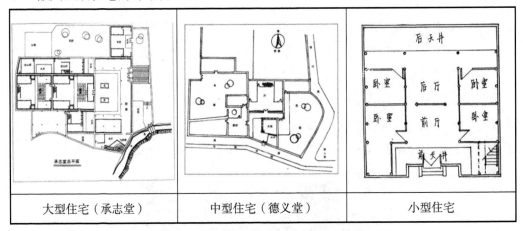

| 大型住宅（承志堂） | 中型住宅（德义堂） | 小型住宅 |

图 2-3　住宅内部结构

三、徽州建筑的色彩

徽州建筑（见图 2-4）的色彩基调是"粉墙黛瓦"，一提起徽州建筑，人们很自然地就会联想到这个词语，它简约地概括了徽州建筑最直观的特点：高高的马头墙、黛色的小青瓦、灰白的墙面，层叠错落、相映生辉，也就是以黑、白、灰为主的色彩基调。无论是民居建筑，还是其他公共建筑，徽州建筑的用色原则都是尽量保持建筑材料的本身色彩，很少加别的颜色。徽州本地产的青砖、青石色泽素雅，以这些材料进行雕刻装饰，用于门楼处，形成外观的灰色调。再加上高大的白墙、黛色的小青瓦，黑白灰的色彩层次便表现出来。马头墙的墙体用白色粉刷而成，呈现出特有的虚空美。在特定时空下，徽州的人文景观和自然景观一起向墙壁上投射，便可绘出无数美丽的图画。

徽州建筑的色彩基调虽然是黑、白、灰，但并非纯粹的黑、白、灰，其颜色变化由于风化水气、气候以及环境色的缘故，呈现出一种冷暖相交的多元色，简洁而富有变化。徽州建筑的建筑材料以砖、石、木为主，因此其点缀色调即暖暖的木色，也是富于变化的。根据以上分析可以更细致地总结出徽州建筑的色调是以灰白为主，辅以黑、深灰，点缀以熟褐、赭石。其色调宁静而幽远，简洁而不简单，色彩耐人寻味，并能很好地与环境融为一体，人文景观与自然景观互为补充，相得益彰。再结合色彩语言坐标系统，我们可以发现，徽州建筑色彩的基调色谱为厚重的（屋顶）、清爽的（墙体）、古典的（墙基）；点缀色谱（如门、窗、框、栏杆等）为优雅的、怀古的、高品位的。由此令人感叹这些建造者和设计者对于色彩语言使用的准确。马头墙的色调简洁而不简单，与建筑内外环境协调统一，室外色彩语言有高大的牌楼、

图 2-4　徽州建筑

清幽的小巷，点缀室内色系有怀古的门窗、优雅的木刻楹联，在青山绿水的映衬下，营造出一种宁静祥和、隐蔽典雅的整体视觉形象。

第三节　徽派建筑的装饰元素

徽派建筑装饰题材丰富，表现形式多样，在长时间的发展过程中形成了独树一帜的装饰效果。雕刻工艺、建筑装饰构件、建筑色彩共同组成了徽派建筑的装饰元素，它们相互结合，不可分割。本节主要对徽派建筑装饰的表现手法、装饰题材、技艺手段以及建筑装饰的承载部位等元素进行分类、分析总结。

一、装饰的表现手法

徽州始于宋宣和三年（1121 年），由黟县、休宁县、婺源县、祁门县、歙县、绩溪县所组成，形成了稳定的格局。徽文化作为一种传统历史文化，是我国古代农耕社会后期在徽州地区所产生的中华文化的缩影，而以徽州居民为主的徽州传统建筑文化是其重要组成部分。在徽州建筑中，徽州雕刻与其巧妙融合，形成了自成一体的建筑装饰风格，它反映的是古徽州人们的思想、道德、精神追求和民情风俗，体现了古徽州人民的智慧。

具有徽派风格的木雕、砖雕、石雕这三种民间雕刻工艺称为徽州三雕。徽州三雕历史源远流长，最早可以追溯到宋代，明清时期达到鼎盛。在与建筑的整体配合上，徽州三雕不仅严密稳妥，而且布局之工、结构之巧、装饰之美、营造之精、内涵之深，令人叹为观止，是徽州能工巧匠的佳作之一。它代表了当时中国制造的实力。赞叹之余，分析徽州三雕的技艺精髓，在当下时代仍有积极意义。一位徽州工匠说得好：石头是冰冷的，但被徽州艺人雕刻后的石头却是有生命的。日复一日的重复劳作，在工

匠眼里有着深远的意义。徽州三雕的技艺中蕴含着一种亘古不变的法则，它体现了那个时代的气质——坚定、踏实、从容不迫和精益求精。

徽州三雕是在当时发达的徽文化大背景下逐渐形成和发展起来的，其源于宋，儒家文化、程朱理学、新安画派、徽商都曾深刻影响着徽州雕刻的发展。木雕的华丽、石雕的粗犷、砖雕的细致，都充分体现着徽州雕刻的艺术特征。民间习俗与传统题材的交融、寓意图案的意义则蕴藉着徽州雕刻的文化内涵。作为非物质文化遗产，徽州雕刻虽历经上千年，仍具有旺盛的生命力，具有极高的文化价值、艺术价值、教育价值、尤其是潜在的再创造、再应用价值。我们应在真正理解上述价值的基础上，解决好徽州雕刻再创造、再应用中的诸多问题，通过政府与社会的大力扶持、思想文化的传承与创新、艺术图案的传承与超越、非物质文化遗产园的建立和传承人的保护等有效途径，促进徽州雕刻的可持续性发展，并将丰富的非物质文化资源转化为造福于社会的生产力。

（一）木雕

温润的气候给徽州地区带来了充足的降水，造就了徽州山多林茂的生态环境，盛产杉、松、柏、枫、梓、银杏等细密坚硬的木材，巨树比比皆是，这种条件客观为木雕的发展提供了良好的物质基础。再加上徽州地区在绘画书法艺术以及篆刻技艺方面的文化积累和现代发展，特别是受到新安画派的影响，徽州木雕技艺十分发达。木雕的制作通常有两种方式：一是在建筑构件上直接进行雕琢；二是先选取材料进行雕刻，雕刻完成后再将构件组合起来。

在传统建筑装饰方面，木雕的应用范围十分广泛，根据部位、需求的不同，分别用于建筑的大、小木作之上。小木作的门窗、隔扇、门罩、楼层栏杆等，大木作的梁枋、平盘斗、雀替、坨墩等处，均有不同程度的木雕装饰，例如，隔扇的抹头和裙板木雕。依据建筑规模的不同，内容跟纹样也不同，民居多以福、禄、寿、喜、万字回纹装饰。为了表现木材本身的肌理，以及更好地展现雕刻的细节，一般不做油漆处理，大多涂以桐油，表露木质和纹理的自然美（见图2-5）。

图 2-5　宏村承志堂木雕

自然、人文、物品以及几何形态等共同构成了木雕装饰丰富多彩的内容，既有具象的、写实的，又有抽象的、写意的。从总体来看，其建筑装饰的风格是相对高雅的，徽州木雕图案从花鸟鱼虫到人物山水无不表现出高度的文化气息。但是其题材和内容又带有世俗审美趣味的特点。

在雕刻手法上，徽派木雕主要运用线刻、透雕与圆雕等工艺。到了清朝，木雕又与其他技艺结合起来，出现了贴雕与嵌雕等工艺，如镶嵌玉石、象牙等材料，使得木雕更加精美。雀替由于形态的限制一般使用圆雕；而窗栏、隔扇等多采用线刻或者浮雕的方式，呈现出版画的效果。雕刻的风格随时代的变化略有不同。明代装饰较为简单，将功能性放在首要位置，手法豪放明快，形态简洁，多以几何图案、鱼水纹、水波纹等为装饰题材，体现了当时人们求真务实的品格追求。这种现象在清代有所改变，清代木雕装饰变得华丽，工艺更加繁复精巧。

（二）砖雕

砖雕在徽州"三雕"工艺中发展较早。由于自身材质的特点，砖雕既可以呈现出石雕粗犷刚劲的效果，又可以表现木雕精巧细致的细节，是一种刚柔并济的装饰手法。砖雕常见于室外装饰，有较强的耐侵蚀性。徽州砖雕主要的选材是当地生产的水磨青砖，砖泥均匀，空隙较少，多取自距河道较远或由山河冲击到平坦开阔地方的细匀泥沙，即古人所说的"缓土急沙"与"远土近沙"。这些砖雕雕刻精细，内容丰富，使得徽派民居原本略显单调的外墙产生了生动、立体的效果。

通常情况下，砖雕主要用于装饰建筑的外部构件，如影壁、门、窗、墙、屋顶、翘山尖、瓦当滴水等。砖雕在影壁上一般应用在中心位置，内容生动而丰富。在一般墙面的使用上，根据位置的不同，分为山墙砖雕、廊道砖雕、院墙砖雕等。传统大木作建筑中常设置称为"透气"的构件，"透气"多由小型砖雕构成，既实用又有很强的装饰效果。屋顶砖雕主要用于装饰屋脊和各种脊饰，砖雕脊饰种类繁多，不同地区风格各异；门户砖雕主要用于装饰门头（见图2-6）、门楣等部位。砖雕门头与屋顶的结构相仿，檐下檐板、斗拱、撑拱、额枋、垂柱等均为仿木雕工艺的砖雕构件。门框上方的位置嵌有长条形的青砖砖雕，两侧有方形的砖雕，或者整个门楣就是一整块砖雕。

图 2-6　门头部位的砖雕精细而刚劲

与木雕工艺相同，砖雕在表现形式及风格上，明清时期表现出不同的特点。明时风格趋于粗犷，雕饰淳朴而刚劲有力，形象常呈现对称式样，表现主体多为植物花卉、龙凤纹样，通常采用浮雕或浅圆雕的工艺方式。清代雕刻常将人物故事作为雕刻的主题，随着雕刻水平的提高，内容更加复杂，层次感增加。从装饰的雕刻技法上可分为平雕、浅浮雕、深浮雕、透雕。其中浅浮雕与深浮雕多搭配在一起，呈现出一种错位立体的效果，集中出现在大门、壁罩与墀头等处（见图2-7）。

图 2-7 　浅浮雕与深浮雕结合的影壁砖雕

（三）石雕

徽州山地较多，盛产石材，主要有青黑色的黟县青石和褐色的茶园石。石刻不同于砖刻，石材的硬度极高，因此无法刻出非常精细的造型。徽州石雕质地坚硬，防雨防潮，经久耐磨，主要运用于建筑外部空间及承重部分。石雕在建筑中装饰部位主要有抱鼓石、漏窗、柱础（见图2-8）、建筑的台基，以及石狮、石碑、石牌坊等。有时为了增加门罩的层次感，石雕与砖雕组合运用，形成别具一格的效果。

徽州石雕由于受材料和建筑技术的限制，题材的选择比砖雕和木雕窄，但雕刻的整体布局合理，题材以莲瓣卷草、花鸟鱼虫、云水日月为主，人物较为少见。

图 2-8 　石雕的应用部位（抱鼓石、漏窗、柱础）

徽派传统石雕手法有线雕、浮雕、平雕、圆雕、透雕，刀法技术精湛，风格古朴大方。出于石雕原材料的特性，多用于表现物体的体量感，从而表达稳重、深沉的风格。传统徽派建筑的柱础通常以石制成，为了避免视觉效果的乏味，有时会施以雕刻。与木雕、砖雕类似，石雕装饰在明清两代亦呈现相似的特点，即明代形态装饰朴素单一，清代丰富多样。抱鼓石通常设置在院宅入口处，石鼓不做装饰，但在须弥座会以浮雕工艺雕刻上装饰纹样，常见的有植物纹样以及几何形态的二方、四方连续等。漏窗也是石雕工艺常见的位置之一，外轮廓以方形、圆形和叶形为主，雕饰题材疏密均匀，形态各异，表现出很强的审美价值。石雕漏窗的设置有利于屋内的通风与采光，在美化建筑立面的同时，也使得内外兼顾，引室外风光入室，构成良好的庭院景致。徽州漏窗石雕以黟县最为集中。

二、装饰题材

（一）动植物纹样

在传统徽派民居的装饰中，依据建筑的功能以及主人的愿景，各种装饰题材通常被赋予美好的含义。动物题材纹样，如龙凤（见图2-9）、麒麟、狮子、喜鹊、游鱼、麋鹿、仙鹤等，有的因为是中国传统吉祥图腾而受到人们的喜爱；有的因为其自然属性或者谐音而成为美好的象征。如麒麟为传说中的仁兽，狮子为百兽之王，喜鹊俗称报喜鸟，鹿、鹤有长寿的象征意义。以动物纹样作装饰，袭用传统的民间造型，组成各种寓意深刻的图案，如二龙戏珠、狮子滚绣球、喜鹊登梅、鹤鹿同春等，表达了人们美好的愿望和追求。

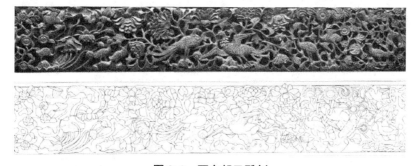

图2-9　百鸟朝凤雕刻

植物作为自然中的重要组成部分，食之养身、观之悦目，为人们所喜爱。传统徽派建筑中能够见到大量以植物纹样为基础所组成的图案。如松、竹、梅被称为"岁寒三友"；梅、兰、竹、菊（见图2-10）被称为"花中四君子"；梅、竹为"岁寒二雅"；海棠、金橘为吉祥果；梧桐为吉祥树；月季为长春花；牡丹表富贵；佛手（多福）、桃（多寿）、石榴（多子），被喻为"三多"；莲花是高洁品质的象征；百合、南瓜等各类植物也都成为装饰的常用内容。

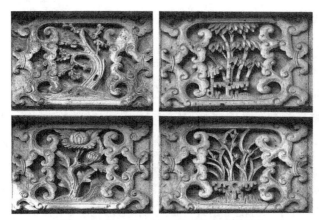

图 2-10　梅、兰、竹、菊"花中四君子"

（二）山水风景纹样

将山水园林、风景名胜作为素材直接或间接地运用于建筑装饰当中是徽州民居一贯的做法。如以黄山、白岳等名胜为题材的"黄山松涛""黄山云涌""白岳飞云"等。以绩溪"十景"、婺源"八景"等具有各地代表性的山水风光为题材的"寿山旭日""彰山叠翠""太白湖光""石印回澜""烟云铺海""龙尾山色"等。徽州吴氏宗祠山水题材栏板石雕如图 2-11 所示。

图 2-11　徽州吴氏宗祠山水题材栏板石雕

（三）几何纹样

几何纹样通常呈现出构图简约、图纹抽象的特点。这些装饰纹样大多源于对自然界的观察、提取与再加工。常见的装饰纹样有冰裂纹、云纹、菱形等。这些有的单独使用，有的作为其他图案的衬底使用，特别是在砖雕中作为衬底使用得最多。

如福禄寿喜等文字的四周以几何纹、云纹作装饰。图 2-12 中，冰裂纹样的应用，使得构图活泼大方，梅花纹与直线条看似随意的穿插，使其自然而有现代感。

图 2-12　冰裂梅纹题材

（四）文字

将文字的含义与形态相结合是中国传统建筑装饰对于文字应用的一大原则。在中国人的传统观念中，福禄寿喜、忠孝节义、平安如意、招财进宝等都是具有美好寓意的文字。就形状而言，福、寿、万等文字在传统建筑装饰中运用极广。在用文字作为装饰题材时，为了突出装饰性，多用文字的变体形式，组合出美观的图案，如"萬""己"。文字装饰的形式有两种：一是用文字直观地表达所要表现的内容；二是文字和其他纹样共同组成图案，如"钱"与"前"谐音，用喜字和古钱币组成"喜在眼前"，用万字和蝙蝠组成"万福"（见图 2-13）。

图 2-13　万字和蝙蝠组成"万福"

（五）人物故事

以人物故事为题材的内容有历史故事、神话传说、民俗风情、生产生活等。如历史故事中的郭子仪拜寿、羲之戏鹅；历史名著中的《西游记》《三国演义》；反映古代人民生产生活的渔、樵、耕、读。安徽绩溪三雕博物馆藏额枋木雕"长乐宫"如图 2-14 所示。

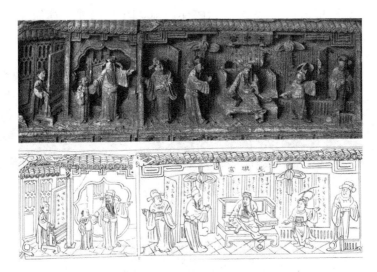

图 2-14　安徽绩溪三雕博物馆藏额枋木雕"长乐宫"

（六）物品类纹样

将花瓶、如意、琴棋书画、文房四宝等具有观赏性的器物巧妙地组合在一起，并利用谐音、比拟的手法形成寓意美好、图面风雅的画面。如"瓶"与"平"谐音，取平安之意，四个花瓶中插牡丹、荷花、菊花、梅花，四种花卉代表四季，其图案寓意"四季平安"；书案花瓶寓意"平平安安"。器物类题材木雕如图 2-15 所示。

图 2-15　器物类题材木雕

三、装饰的承载部位

（一）屋脊

徽州建筑别出心裁，采取硬山建法，马头墙与屋脊坡顶两相依偎，犹抱琵琶半遮面，色彩泾渭分明，一般屋脊（见图 2-16）的上端都是以人形斜下的，数阶于两端跌落，屋檐采用飞脚构造。在蓝天的辉映下，不但勾勒出天空与墙头完美的弧线，同时让空间延展，人与自然和谐的韵律美跃然眼前。

徽州传统民居建筑里的坡屋顶是传统中国建筑的一个重要特征，反映出了徽州工匠们的聪明才智，也反映出了此地深厚的文化内涵。徽州传统民居的地域色彩浓郁，从屋顶的装饰和构件就能感受到。明朝和清朝期间，当地的传统民居以"黛瓦"遮蔽屋顶，屋面多建为内弯曲的，让排水的径道更畅通，墙埂两边有马头墙，马头墙上的马头错落有致，下面的护墙为

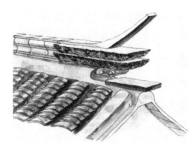

图 2-16 徽派建筑屋脊形式之一

金花板[①]。当地的居民对板瓦情有独钟，建造"脊筋"时将瓦片叠加其上，墙头用蝴蝶瓦起到保护作用。坡屋顶的上部采用"压三露七"的方式覆盖，瓦片正反相连，形成了凹凸的沟槽，连接盖瓦与两凸瓦间，可以达到良好的引流作用。丰富多彩的屋脊造型体现了当地独特的审美，一般会用竖瓦堆砌。而较大的民居会以龙、鸡形态的花饰来装饰厅堂脊头。所谓"黛瓦"，即徽州民居屋顶所覆盖的青瓦。徽州的每一座民居都采用此类青瓦屋面。此做法能够保证屋顶木结构处于严密的掩盖之下，避免遭到火源的波及。部分富户会将望砖增设于瓦下，由此更加提升屋面抵御火灾的能力。本土的文化和审美是坡屋顶结构的文化基础，目前坡顶建筑要想取得快速发展，还需要从探究传统的结构形式入手。

（二）马头墙

徽州居民所设计的住宅在体现实用性价值的同时也符合人们的精神需求。在徽州住宅中常见高大的外墙，这些外墙将屋子围住，不仅具有防火功能，而且设计为高低错落的样式，显得轻盈又精巧，儒雅又高深。

马头墙呈现出的起伏给人错落有致、跌宕起伏之感，形式也独具特色。徽州的民居建筑整体上表现为明朗而素雅，尤其是墙面，整面墙都用白灰粉刷然后以青瓦覆盖，形成"青瓦出檐长，马头白粉墙"的景观。马头墙在结构设计上很是讲究，简言之即墙头的高度随屋面的高度体现差异，按墙的斜坡长度分为不同阶层。在墙顶覆盖小青瓦，还在每只垛头顶端安装金花板，再在金花板上安装各式马头，较为常用的有"鹊尾式"（把砖经过雕琢后形成喜鹊的尾巴形状）、"印斗式"（类似于方斗形状的田子文方砖）。"印斗式"比较考究，使用这种马头在处理斗托时还有两种不同的方式可供选择。"坐吻式"就是将"吻兽"在窑中烧成后直接安在座头上，再有就是"印斗式"或称"朝笏式"，显示出主人对"读书做官"这一理想的追求[②]。

---

① 李画：《徽州传统民居装饰元素在现代室内设计中的运用》，安徽建筑大学2014年硕士学位论文。

② 刘托、程硕、黄续等：《徽派民居传统营造技艺》，时代出版传媒股份有限公司，安徽科学技术出版社2013年版。

（三）大门

与高墙相比，徽州人更愿意将装饰的投入放在宅居的大门上。在徽州，人们习惯用砖雕装饰大门，富裕的家庭用门楼装饰大门，寻常人家则多采用相对简单的门罩。门罩按照施工的精细程度又可分为荤罩和素罩两种。荤罩是用砖堆砌而成并依附于墙体，远观犹如一幅巨大的浮雕作品，气势恢宏。素罩的制作过程极为简单，是用清水砖砌成，并不是用雕刻技艺。

徽州民居大门门罩的砖雕结合了传统绘画技巧，不仅画面精美绝伦，而且富有故事情节。例如，歙县鲍家庄"百子图"砖雕门罩之上雕刻了上百个人物形象，而且人物之间并无雷同，无论是相貌还是神态都栩栩如生，真可谓巧夺天工，给观看者以气势恢宏、层次分明之感，被誉为砖雕艺术中的典范。另外还有绩溪湖村门楼巷，在巷内共有七户门楼，虽然门楼都体现出巧妙、精细的特点，但细观之下造型皆异，丰富多彩。最值得一提的是门罩上镂空楼阁，楼阁中的门窗可以随风开闭，令人叹为观止。门楼则借鉴了牌楼的形式，有的一间三楼，有的一间五楼，有的用砖制成，有的用木头制成，还有的以石头为材料。

徽州民居的大门还有很多装饰物。例如，在大门的左右一般会有楹联，内容较为广泛，多为寓意吉祥、和睦、幸福等美好祝愿的话语，材质分为木石等。在一些当地的传统节日，家家户户的大门两侧还会悬挂灯笼。一来可以在晚上起到照明作用，二来可以在很大程度上烘托节日氛围。在有的地方，大门上挂灯笼已经由一种习惯演变为节日的象征，具有浓厚的地域特色。

通常徽州民居大门由两层构成，外层门是镂空菱花隔扇，里层门是木质的，在木门的表面还要再加装一层铁皮，打上泡钉，涂以黑漆。这样菱花隔扇空灵剔透，使防卫森严的大门显得亲切近人。

大门上有金属门环的把手，便利了开关门的同时，也便于来访者敲门。扣环声音掷地有声。一般在建造时，都会在门环下部进行装饰，加以美化，即辅首。辅首多为铜质，也有铁质。在造型上，辅首内容多样，有朱雀、玄武、狮子、老虎等。不同的等级，辅首的限制各有不同，对于寻常百姓而言，一般采取的装饰是门钹，这种装饰形式简单，多为圆形、六边形、八角形等，在中间位置有凸起的半球，半球上安装门环。也有的装饰以吉祥图案。常见辅首、门环式样如图 2-17 所示。

图 2-17　常见辅首、门环式样

（四）隔扇

如果说徽派建筑的外立面表现的是低调简洁、清新雅致，那内立面就完全是另一幅天地。隔扇属于小木做的范畴，中国古代把一栋建筑的大门称作门，在室内房间一般不再设门，而是隔扇或者格子门，古时称户牖，有长短之分。明代长隔扇下部为平板，中间为棂空，上部为束腰，五抹头或六抹头，多当门用；短隔扇仅分为上下束腰和中间的棂空，四抹头，多做窗使。除此之外，明代居室内部的隔扇在纹饰和比例结构上较以前朝代有了较大的飞跃，主要的进步在于镂空纹饰的简化和透光面积的加大等方面。牖扇既高且窄，下顶木槛，上承楼沿，承上启下。明代及之前徽州人多聚居生活在楼层上，故底楼隔扇比例尚可。清代以后，人的活动与起居中心移至地面，底楼的空间也相应宽敞起来，故隔扇也"水涨船高"，愈加趋于细长和高峻。在隔扇的装饰方面，两朝的差距更大，明朝比较追求清雅（见图 2-18），清朝则喜欢雍容华贵（见图 2-19）。在门扇上工匠倾注了巧思妙想，棂格图案组织精美，裙板雕饰精致，展现出了浓郁的文化气息。条环板、裙板、格芯条、外框料组成格窗，形式多种多样，如字形（十字、工字、田字、亚字等）、圆形（扇面、古钱、圆镜等）、方形（方格、方胜、斜方块、席纹等）、什锦（花草、动物、器物、图腾等）。门窗的图案采用较多的是祥瑞的禽兽、几何纹路、植物造型等，人物图案也较为多见。一般在内涵上暗喻吉祥如意，或是在谐音上表示祝福，如花瓶代表平安，寿桃与佛手代表"福寿双全"；月季花插于花瓶之中代表"四季平安"；"五谷丰登"采用麦穗、蜜蜂、灯笼的组合；"福禄寿"用蝙蝠、鹿、桃等。通过其反映出当地人的生活与文化观念。

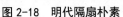

图 2-18　明代隔扇朴素　　　图 2-19　清代隔扇华丽

（五）外墙窗

徽州建筑的外墙底层几乎不开窗，开窗基本处于很高的位置，并且面积较小，明清时期更多的是出于防盗的考虑，兼顾采光、通风。外墙小窗上部一般设置窗楣，小窗的四周根据不同的情况采用当地砖石制成边框。即使在公共空间中，开窗的形式也会有所考量，漏窗成为首要的选择，一方面起到一定的遮挡作用，另一方面内外的景致也能得以一定程度的呈现。

在素雅的粉墙映衬下，深邃的小窗、精美的漏窗呈现出很强的装饰性，很容易成为人们的视觉焦点。

第四节　徽派建筑的审美特征

一、"天人合一"的生态美

中国是农耕文明的发源地之一，拥有宜农的自然环境，自古就崇尚自然，喜爱自然。古代中国人对自然具有浓厚的崇拜心理，经过漫长的历史积淀，这种心理内化为民族的一种审美倾向和特征。这种审美倾向和特征表现为中国古人对"天人合一"境界的追求。"天人合一"是中国哲学的主干，也是中国古代建筑装饰生态观的核心。"天人合一"的思想起源于《周易》①的"天、地、人，三才之道"。而"天人合

---

①《周易》相传为中国西周时期周文王所作，是中国传统思想文化中自然哲学与人文实践的理论根源，是古代人民思想、智慧的结晶，被誉为"大道之源"。其内容极其丰富，对中国几千年来的政治、经济、文化等各个领域都产生了极其深刻的影响。

一"这一词出自北宋思想家张载①所著的《正蒙》。"天人合一"中"天"指的是天空，后泛指自然界和自然规律，是与人类相对应的概念，"人"指的是人本身、社会，主要是指相对于自然界的人类。因此，"天人合一"所强调的核心思想就是人与自然的和谐统一。徽州建筑艺术是徽州文化的典型代表，深受新安理学的影响。新安理学在继承孔孟传统思想的基础上吸收了道家和佛家对客观世界的认识，它是儒家思想的又一座丰碑，北宋时期更是被统治阶级钦定为治国之理学。新安理学中对"天人合一"的理解也是吸收了道家、儒家对"天人合一"的理解。在中国古代儒家、道家对"天人合一"的表达虽然不同，但所阐述的核心思想大体相似。

道家老子认为："人法地，地法天，天法道，道法自然。"道家的核心思想就是崇尚自然，追求自然。认为自然的美并不在于它的形成，而在于以自然为运，以自然为用，自然者道也。庄子在老子"道"的基础上，进一步发展了老子的天人观，提出了人与天地万物属于一个整体之中，人不是自然的主人，人仅仅是自然界的组成部分，天地之间的万物都是平等共存的整体。中国传统民居受其影响是有目共睹的。中国古代建筑多因地制宜，就地取材，表现出人们对家乡的热爱和对大自然的尊重。建筑与自然环境融为一体，达到了"宅以形势为身体，以泉水为血脉，以土地为皮肉，以草木为毛发，以屋舍为衣服，以门户为冠带"（东晋干宝《搜神记》）的境界。儒家对"天人合一"的表达为"天地位焉，万物育焉""天何言哉？四时行焉，百物生焉，天何言哉！"孔子认为世间万物的生长有其自身的规律，人的生活生产不能违背自然规律，应该与自然相融合，借助自然。孔子还提出了君子应该畏天命，天命指的就是自然规律，把君子畏天命看成是君子的美德之一。孔子的这些言论极大地体现出儒家对"天人合一"的看法。

新安理学是儒家思想与道家思想的集大成者，其中"天人合一"的哲学思想蕴含着质朴而精妙的环境科学理论，被古徽州人所推崇，也是徽州建筑建造、装饰、布局所恪守的准则，对徽州建筑格局和艺术体系的形成起到至关重要的作用。遵法自然的哲学思想，强调以人为本，追求天、地、人三者的和谐统一。与天地、自然相通和谐的观念，是古徽州人营构徽州建筑的一种自觉意识和理想境界。

在徽州建筑的审美特点中，最突出的是徽州建筑对自然美的崇尚和利用，体现着徽州人崇尚自然的建筑环境观。中国古代哲学强调人与自然的有机结合，徽州建筑的布局营造重视自然地理环境与人工斧凿的有机结合，是"天人合一"生态美的表现。

例如，宏村的建筑早在宋代就已经有群落的形成，古徽州人对村落人工环境的营造是从明代才开始的。据宏村地方志载，宏村始建于北宋，发展历史已逾千年，原为

---

① 张载（1020—1077年），字子厚，凤翔眉县（今陕西眉县横渠镇）人。北宋思想家、教育家、理学创始人之一。经典著作有《正蒙》《横梁易说》等。

汪姓家族的聚居地。宏村各类建筑的组群方式以村落规划为主线展开，水系以牛的形象铺设，引水似"牛肠"蜿蜒，经过各座民居，实现了家家门巷有清渠。在村中心的祠堂前挖有半圆形的月塘，形似"牛胃"，起到汇聚过滤水系的作用。在徽州，水被视为财富的象征，月塘除了实用功能以外，还被赋予"荫地脉，养真气，聚财兴文"的含义。村内的水流奔向村外的"牛肚"南湖，复而辗转循环入水系。宏村内的数百幢民居环绕在水系旁，宏村人的生活起居就在这样的自然与人工交织组成的水系灌溉下进行着并世代繁衍。图2-20为安徽省黟县的宏村，图2-21为西递。

图 2-20　宏村　　　　　　　　　　　　　　图 2-21　西递

徽州人在营造建筑环境的同时，还通过对周边环境的山水治理、造景植树等人工手法，把大自然的不利因素转为有利因素。这种合理的改造既体现了徽州人与自然的和谐相处的"天人合一"生态观，又体现了独特的徽州文化特点。

从村落环境的选址到建筑住宅的内部结构、装饰，到处都体现出一种亲近自然，巧妙地利用自然美为生活美的"天人合一"生态观。从徽州建筑的内部结构和装饰上也能看出"天人合一"思想的文化表现。首先，在建筑内部空间上通过景观空间营造及建筑装饰中的文化表达，形成人与自然物质的互动。房屋中露出一方别有洞天的天井，把居住者的视线引向天空，足不出户，日月星辰便可尽收眼底，如同生活在大自然的怀抱。

厅堂与天井融为一体，与庭院相互渗透融合。"天、地、人三者在视线、思维上成了统一，产生天人共在的情感。"[①]庭院中房前屋后置山石、掘水池、植花木，水池中植荷花、睡莲等，浓缩大自然于庭院。再从徽州建筑装饰部位来看，徽州建筑雕刻艺术承载着徽州传统文化观念的精髓，寄托着徽州人的理想、希望和信仰。徽州建筑雕刻艺术与自然环境取得了良好的协调，在建筑装饰部位处理上同样尊重自然、适应自然。如徽州建筑外墙上的漏窗位置比较高，老百姓称"取天位"，而院内墙窗的位置一般较低，老百姓称"接地气"，这正契合了徽州建筑"接天地内外之灵气"的传

---

① 郑南根：《"道"在建筑中的反映》，《四川建筑》2009年第3期，第52-53页。

统理念。装饰部位之间，上下、左右、前后位置强调呼应的同时，雕刻的内容、形式、风格也强调呼应。最后，从装饰内容来看，徽州建筑周围自然环境中的山水风景、花鸟走兽等自然万物在装饰部位中均有表现。这些都凸显了徽州建筑装饰艺术的"天人合一"生态观。沿天井四周的横梁是徽州建筑装饰的重点部位，以植物山水、渔樵耕读、动物神兽等题材为雕饰内容，通过方丈之地将自然之景与人工雕饰的图案汇聚到一起，很好地展现出自然之美。徽州人在屋内与这些装饰纹样自然地融合在一起，再通过"借景"等手法向外延伸空间，使内与外紧密联系，并借外补内，在视觉上连贯一气，仿佛使建筑主人置身于大自然的景色氛围中，屋外自然景观与室内环境相映生辉，很好地传达出"天人合一"的生态美。

徽州建筑艺术顺应自然、利用自然、装点自然，不但对当地自然条件的适应性强，而且用地域特征的地方文化全面协调了人与建筑、建筑与环境、人与环境的关系，因此徽州建筑艺术的核心是"天人合一"的生态之美。

二、"礼学"文化下的秩序美

从徽州建筑的建筑造型、平面布局、装饰纹样中可以看到"儒"是徽州建筑艺术的精神核心内涵。徽州由于新安理学浓厚的文化氛围，致使其无论是整体建筑、村落布局还是精心装饰都体现出浓郁的儒学和理学文化底蕴。理学是以儒学"忠、孝、仁、义"为核心的新儒学，在徽州维系了几百年，对徽州社会经济文化影响极大。理学从学理上兼综儒、释、道精华，建构起为天地立心，为生民立命，为往圣继绝学，为万世开太平的博大体系，使之成为中国古代社会后期的文化主流与社会统治思想。新安理学注重忠君孝亲、建坊树碑，以孝为先，信奉"忠臣出于孝子之门"的古训。在古徽州，伦理道德教化渗透到人们生产生活的全部，"理"中融入"礼"，人们日常行为完全被纳入儒教礼仪规范之中。徽州建筑的秩序体现为重"礼"。礼制文化是中国古代建筑营造极为重要的思想要素。孔子说："以之居处有礼，故长幼辨也；以之闺门之内有礼，故三族和也；以之朝廷有礼，故官爵序也。"而且中国古代的建筑营造，上至宫室营造，下至百姓宅居，建筑的样式根据从上而下的各种等级制度来确定合乎法度的轮廓和框架。屋顶、面阔、朝向、用材、装饰、色彩……在各种有区别的比较中体现着统治阶级固守的秩序。因此，徽州建筑艺术的美是儒家思想"礼制"的表现，它是"礼学"文化下的一种秩序之美。

徽州建筑造型是功能与美观的统一，是秩序美的表现，如徽州马头墙造型，从美观上讲，马头墙层层叠叠，黑色的瓦片交织出一种秩序的美感。因此，徽州建筑造型是秩序美的表现。

再看徽州建筑的平面布局。徽州民居的布局讲究正室与主轴线的关系，一般情况下正室必定住在主轴线之中，左右对称分布两厢，父辈居住的正屋居中，规模、室内陈设与装饰皆为全宅设计的重点，子辈居住的厢房在设计的各方面都要低于正室。黟县关麓村汪氏民居有"八大家"之称，是徽州地区联体民居的典型代表。汪氏八支后裔的宅第虽然分属八个独立家庭，但是各宅风格样式、建筑装饰基本相同，宅第之间门户贯通，联成一体，体现出彼此独立又相互依托的伦理秩序关系。即使是富甲江南的商贾，在房屋的建筑上也只能是外部造型简单、内部典雅、华丽，在装饰上别具匠心，彰显自我。从而形成徽州建筑特有的繁缛、精细又品位极高的装饰风格。徽州建筑通过规则的和谐来体现韵律，房屋的开间、进深都有规则可循，这些规则构成了"礼"的内容，同时体现出秩序之美。这种建立在特定社会关系基础之上的宗法制度跨越了中国古代建筑发展的漫漫长河。徽州地区素来受到儒家思想的浸染，且向以"程朱故里"自居，其民众对"礼"极为重视，对建筑布局营造的守"礼"也能把握得当。

徽州建筑的"礼"不仅表现在建筑造型、建筑内部结构和整体布局上，还表现在雕饰图案装饰中。如建筑装饰在内容选择上独具匠心，从悦目到赏心，从风雅到教化，已上升至新的精神层面，反映中华文化中的儒、释、道合流，倡导的是礼教，并把审美的情感与道德伦理融合在一起。"忠、孝、节、义"是儒家思想伦理道德核心，也是古徽州建筑装饰的主要题材之一。如以"杨门女将""岳母刺字"来宣扬精忠报国，以"二十四孝图""卧冰求鲤""鹿乳奉亲"来宣扬孝悌忠信思想，以"苏武牧羊"来表现节气，以"桃园三结义"教人仁义忠厚等，将人们熟知的历史故事，通过雕刻艺术体现出来，表现在容易欣赏到的装饰部位，使人们在浓郁的文化氛围中受到熏陶，达到日常教化的作用，从而完成儒家"成教化，助人伦"的社会教化功能，并使礼制观念得以体现。建筑装饰生动地表现了人们对传统道德观念的追求，增强了徽州地区建筑装饰的诉说力和可读性。

三、空间营造的意境美

意境是人与自然、物与我、美与情的统一。自然的景物是客观的，触景生情，情以景生。情是主观的，借景抒情。情与景、物与我，客观与主观自然统一的意象便是意境。徽州建筑艺术的意境之美，是主观审美情趣和客观自然景物的美相融合的结果，是情与景、意与想、内容与形式之间最高程度的和谐统一。徽州建筑艺术的意境之美是自然、古朴、宁静幽远的。这种意境美是内在审美因素通过建筑色彩、造型以及特定环境空间结合装饰内容与装饰形式产生的。徽州建筑艺术的意境之美与个体的审美意向和特定的社会文化相关联。徽州人的建筑审美意识是在中国传统建筑文化的背景下产生的，并且受到程朱理学、地域的经济文化、地域的习俗观念等综合作用的影响，表现出特有的徽州建筑文化特质，建筑的外在形态和内在功能都体现出徽州的地方特色，从而形成一种独特的艺术意境。徽州建筑的建筑造型简洁大方，在建筑与建筑之间的空间布局上与周围自然环境和谐统一，再加上协调的建筑装饰，形成了徽州建筑艺术独特的意境美。

我们如何从现存的明清徽州建筑中去体会它的意境之美呢？比如徽州的民居，原本"地狭民稠"的缺憾被徽人主观能动地"巧借自然"所弥补，狭长宅巷的青石板路延伸了行者的视线，使连绵成片的民居建筑群落不会让人感觉拥塞，"粉墙矗矗，鸳瓦鳞鳞，棹楔峥嵘，鸱吻耸拔"的建筑景观掩映在山水秀逸之间，好似一幅幅水墨淡彩画。又如徽州的园林，无论规模大小，都有独到的意境，即使是百姓小筑内的一方丑石也会被主人融进一番遐思，一方普通的水井也因"菱井花香"而陡生诗境。在徽州，绝不可小视任何一个看似不起眼的建筑小景，因为"当我们知道它深层次的意义后，从它的意境美中自然体会到它的构图美和特殊的造型美"。徽州建筑艺术的意境之美正在于它平凡中蕴含着的诗情画意、沉静中流淌着的缕缕幽思。

徽州建筑艺术的意境之美具有时代性、民族性和地方性的特征。时代性表现在建筑艺术形象反映的是特定时代的社会生活本质和社会特征。徽州民间匠师的审美意图和审美理想，不仅仅来自个人的审美感受和审美体验，更是对其所处时代审美风尚的凝练和概括。工匠们受时代审美的影响而对装饰技法进行改进升级，再创作出符合当时审美的图案造型。民族性和地方性表现为徽州人民长期受新安理学的熏陶，受传统礼学及地方风俗、艺术等因素的影响，在审美倾向上对这种"自然、幽静、古朴"的意境有着更多的向往。如新安画派的绘画风格就是"崇俭抑奢"，这就大大影响到了当时人们的审美心理。

四、整体造型与局部装饰的和谐美

徽州建筑装饰是徽州建筑艺术的重点，其总体特征可以概括为整体造型与局部装饰的和谐美。从建筑审美特征方面来看，徽州建筑造型独特，蕴含极简主义的韵律美，黑、白、灰的颜色基调给人以无限的遐想；再从徽州内部装饰上来看，各种装饰题材和内容实则是一种包含多元文化寓意的审美趣味的反映，这是许多中国古建筑装饰的特点，装饰部位与装饰内容也形成了内容与形式的统一。徽州建筑装饰以传统吉祥图案为主，或是选择特定的图案，或是通过特定的组合方式，赋予祥瑞的含义，这些装饰往往寄托着徽州人内心的美好愿望或内在的某种精神追求。此外，徽州建筑的造型与装饰的统一美是其独特的地域建筑文化特征的表现，是其建筑审美特征的一个重要内容。总体而言，徽州建筑的艺术装饰美表现为两个方面：一是徽州建筑本身的造型及色彩所形成的外观整体装饰美；二是建筑的装饰手法运用产生的局部装饰美。徽州建筑是整体造型与局部装饰美的统一。

（一）徽州建筑外观的整体装饰美

建筑本身的造型、色彩所形成的外观装饰美体现为建筑的造型韵律美、色彩美。

1. 造型韵律美

徽州建筑的韵律之美表现在建筑组群和立面轮廓的交接组合。各村的民居在自然山水环绕下毗连成片，此起彼伏的马头墙与民居的坡屋面衔接，随着屋顶跌势层层跌落，比例和谐，富于变化。加之徽州地形较多，建筑组合形成自然高差，各幢民居的营造规模各不相同，因此，从外观看高脊飞檐参差错落、轻盈灵巧；粉墙黛瓦黑白相间、层次分明；高墙上有小巧的窗点缀着，打破了单调的面。这些建筑在周围绿树青山、田野溪流环抱的环境里俨然是一幅幅水墨淡彩画。建筑的单体与群落之间既相互联系又彼此独立，建筑元素构成的点、线、面交织成动人的韵律。

2. 色彩美

色彩是审美中最容易被识别和率先审美的对象。首先，多数人都能从色彩中发现让他们自身愉悦的形式感；其次，色彩是形式感最直观的载体，而且色彩很容易裹挟人们的文化倾向。在工业化之前，建筑活动中，不同建筑功能、造价及工匠技术水平限制了建筑形式的多样化，但各种色彩的使用却给传统建筑带来了非凡的表现力，也对人居环境品质的提升贡献颇多。

徽派建筑选色质朴素雅，大量运用黑和白这组极端反差色。如果说小青瓦的黑色是材料制作中自然呈现的原色，那么白色的选择显然是有意为之。徽派建筑最具特色的粉墙黛瓦是一种用意明确的建筑色彩设计。徽州建筑的色彩运用犹如中国画里的水墨渲染，浓淡相宜，浅影淡出。这种类似水墨晕染的视觉结果，暗合徽州人思维意识深处追求精神安静、朴素、自然的逻辑。最后形成了外界对徽州的特殊视觉印象，它们逐渐融入本地历史、文化，成为地域文化的代表。

除黑白之外，传统徽派建筑对其他色彩使用也很考究。徽州木雕多以原色呈现，极少上色，称"清水雕"，用以彰显木材本身质地之美。它们与建筑黑、白、灰大基调相得益彰，也体现了"道法自然"的东方美学思想。与之相对，金色并非常规天然色彩，颜色近黄且带有光泽。徽派建筑装饰中会有意用金色来彰显建筑的品质与身价，但这些装饰都极有节制。

无论是民居建筑，还是书院等公共建筑，建筑的用色原则都是尽量保持建筑材料的本色，而绝少施以五色。徽州地产的水磨青砖、青石、麻石，色泽素雅，质感柔润，以它们为底材而雕饰，用于门楼、门罩处，形成外观的灰调。再配以高大的白墙、黛色的鱼鳞小青瓦，色彩层次便跃然而出，给人以无尽的遐想。

徽派建筑中室内陈设品多为黑、白、灰、红或者暗红，在冷色调的大环境下点缀温暖喜庆的感受。徽州的建筑色彩，代表了中国传统的建筑色彩观，又具有鲜明的地域特色。这既是徽州的名山秀水造就的美丽，也是徽州人传统文化精神的直接视觉呈现。

（二）徽州建筑局部的装饰美

徽州建筑装饰手法运用产生的局部装饰美体现为题材内容美、构图美和雕饰美。徽州传统建筑的装饰主要集中在一些特殊的建筑部件上。徽州的传统工匠非常在意简与繁、质朴与华丽的对比。比如门窗扇、牛腿、月梁等，都是徽州工匠集中修饰的位置。这些装饰植根在具体实用的建筑部件上，非常重视牢固与艺术审美的和谐美，在造型色彩上分寸把握得当，浑然天成，可以视为独立的画，都是完整的艺术品。保留至今的徽州建筑装饰作品很多都堪称古徽州民间美术的精华，其制作手法精良、构思奇妙、表现细腻、题材广泛、文化底蕴深厚。这些雕刻不仅装点着建筑，还蕴含着丰富的文化内涵和象征意义，流露着徽州人对生活的热爱。

1. 题材内容美

之所以说徽州建筑的题材内容称得上"美"，是因为它们植根于中国传统文化的大背景之下，是中国传统的民俗审美在徽州建筑中的反映，并且构成了徽州人的建筑装饰审美观。徽州建筑装饰的题材和内容相当丰富，有的包含了徽州人对幸福生活的向往，有的再现了徽州人的生产生活场景，有的是徽州人喜闻乐见的历史、戏文故事，有的是教化后人的忠孝节义典故。还有的题材和内容被徽州人创造性地加以组合，并赋予它们特定的寓意，"内容之间联系并不紧密，甚至是风马牛不相及的事"，其目的"主要是为了表达一种特定的内涵意义"，体现了徽州地域文化的某些特质。也因为"这些组成部分单凭本身就能使人愉快，却也不至于破坏全体大轮廓和庞大体积所产生的总的印象"。①

2. 构图美

徽州建筑装饰的构图深受中国传统国画的影响，尤其是吸收了新安画派的构图法则，讲求疏密有致、虚实相生的主次关系。就如一些砖雕作品，在尺余见方、厚不及寸的砖石上雕刻了情节复杂、层次繁多的画面，主次关系明确，并且在注重构图的同时也很好地掌控了情节的完整性。

3. 雕饰美

徽州建筑装饰的雕饰美指的是"徽州三雕"（砖雕、木雕、石雕）之美，雕饰美美在造型和细部刻画。

徽州建筑雕饰造型生动，富于变化。徽州匠人对写实内容的雕刻，不但讲求造型具象逼真，而且擅长对同一内容进行不同角度、不同手法的刻画。例如，现藏于安徽省博物馆的石雕"十鹿图"就是在同一画面内雕刻了或坐或立、或跑或俯的姿态各异

---

① 黑格尔：《美学（第三卷）》，北京大学出版社 2017 年版。

的鹿，每一只鹿都被刻画得活灵活现。

徽州建筑雕饰注重细部刻画，雕刻手法多用深浮雕、圆雕，有的还刻意制造镂空的效果，层次可达十余层。有的雕刻作品将亭台楼榭、树木山水、人物走兽、花鸟鱼虫集于同一画面，玲珑剔透，错落有致，层次分明，栩栩如生。"由于对建筑的理解是和细部感觉分不开的，因此建筑细部处理对建筑艺术有着重要的意义，它是一切建筑风格与美学趣味的基础。在建筑美学理解中应用的主要概念——恰当、匀称、表达、优美——都是从实际的感觉中获得它们的含义的。"徽州建筑装饰的某些细部，以形象符号构筑了特有的艺术语言，反映的是当时的社会生活和审美思想，表现的是居住者的情操。

徽州建筑雕饰还注重对形式美法则的运用。例如，徽州建筑的装饰比较讲求对称。美学家对审美经验进行分析的结果，认为"对称成为人们习惯性的一种审美标准"。从遗存的大量徽州建筑木雕、砖雕、石雕作品可以证明，对称式构图的出现频率极高。

五、小结

徽州建筑艺术包括建筑的造型、色彩、建筑结构、建筑装饰技法、装饰纹样以及装饰的部位。徽州建筑艺术是民俗审美的表现，它的装饰技法和装饰部位都表现出徽州人对美好生活的向往。本节主要是对徽州建筑艺术进行考察分析。从考察分析中，笔者发现徽州建筑艺术有其独特的地域性、时代性和民族性。地域性是指徽州地区山地居多，因此形成了徽州建筑独特的建筑布局及建筑颜色、样式；再者，徽州地区耕地面积稀少致使徽州人外出经商，形成了独特的徽商文化，徽商回乡集资建房，形成了独具特色的徽州建筑装饰。时代性是指徽州建筑在每个时代有其特有的艺术特色，从装饰上来看，明代装饰粗犷朴素，而清代的装饰就比较细致繁复。民族性是指徽州人生活在徽州地区，受传统儒家思想的影响，在美的追求上有特定的审美倾向，如在装饰纹样上，喜欢反映儒家文化的故事图案、表现自然的山水植物图案，以及表达自己生活情趣的图案。

徽州建筑艺术的审美特点是"天人合一"的生态美，是"礼学"文化下的秩序美，是空间营造的意境美，是整体造型与局部装饰的和谐美。这些特点也是指导我们运用徽州建筑艺术在建筑陶瓷中活用的指导思想。

第三章　徽派建筑元素与现代建筑陶瓷

第一节　徽派建筑元素在现代陶艺中应用的优势

　　长期以来，我们生活在一个整齐划一的工业产品世界中。大家都住着差不多形状的房子，乘坐造型相似的汽车，共同进出模式统一的办公室。慢慢地，我们丧失了对生活的敏锐性。于是，人们开始反思机械化、标准化所带来的负面影响。当生活的所有物品都过于注重功能性时，必然牺牲了物品的多样性和精神性。这十分不利于人们的精神生活。然后，人们开始关注物品的个性化，人性化的设计思想得到更多的认可。人们开始要求设计师赋予物品更多的意义以满足使用者的心理诉求。尽可能好地建立人与物之间的感性关系的设计理念也开始得到推广。人们开始意识到生活除了逻辑秩序还应该有多元的感性。生活中的各种物品除了实用外，还应该能投射出人们的心灵和感性，容纳人们的多样感知，满足人们的精神需求。这才是设计应该达到的高度。从这个层面上看，中国传统建筑元素在现代陶艺中的运用有着重大意义和独特优势。

一、中国传统建筑元素的独到优点

　　中国传统建筑在外形上有很多共同点，都包含屋顶、屋身和基础这三个部分。中国传统建筑的特点大多产生于结构，是结构艺术的载体和结晶。结构是传统建筑的灵魂，它们的联结点是建筑艺术的重点，也是展示设计应该重视和学习的重要方面，有价值结构的使用不仅能满足建筑的需求，还能使参观者产生很好的视觉享受，这一点对展示设计同样适用，并且能对展示设计产生很好的装饰作用，所以在展示设计中结构是相当重要的。

（一）创作取材的多样性

　　从古至今，历经几千年发展演变的传统建筑为人们提供了大量的创作素材。中国传统建筑的每个部分都可以作为现代陶艺创作的元素。它可以是建筑的整体样式，如民居、宫殿、庙宇的整体样式；也可以是建筑的某一局部，如大门、窗户、高墙、柱子、青砖、灰瓦、木材等；还可以是建筑的色彩关系、造型特征，建筑材料的特殊肌理纹样，如北方建筑的红、黄、蓝，南方建筑的黑、白、灰，砖、木、瓦的特殊质感等。此外，中国传统建筑的装饰手法也能给现代陶艺家带来意想不到的灵感，如飞檐、瑞兽、窗花等。

1. 园林建筑

园林建筑是我国传统建筑的一大特色，它以传统文化作为自己的底蕴，综合了多种艺术形式，如文学、绘画、雕塑等，在其中也多处使用了木结构的方式，营造了特定的氛围，诠释了某种文化的深层含义。中国园林建筑被人们称为"世界园林之母"，是建筑界的奇观，它追求的是一种精神境界，以及"虽由人作，宛自天开"的艺术境界。在中国传统的园林当中，建筑有着极其重要的作用，和自然山水合谐地融合在一起，丰富了园林的景色，更是加强了园林意境的表现。

在经济生活发展迅速的今天，很多传统建筑的园林被人们修整作为展览馆或者博物馆，在发展了传统建筑的基础之上，营造一个新式的园林形式。这种"园林意境"被人们慢慢地重视起来，展示设计中的"园林"是对传统建筑的创新，利用中国传统的建筑文化来丰富我们的展示设计，体现传统建筑园林的精华。参观者在进行观看的同时，仿佛置身于园林之中，产生一种触景生情的心理变化，从而达到境由景生的设计目的。园林建筑有很多种样式，各种形状，不拘一格，布局多样，随着山水的形式变化多样，或大或小，高低不等，与山水巧妙地结合在一起，或居于水面之上，或隐于山林之中，这种意境是"若隐若现"的写照。展示设计或许在形式方面比较直接，但在布局方面应该学习园林建筑的这种意境，园林建筑中一般都是透空效果的，可以将建筑更好地融入自然环境中。

展示设计作为一种新式的设计手法来营造中式园林，是指用现代的材料和技术作为手段，营造一种具有独特韵味的中式园林为展示设计所用，体现中国的传统文化底蕴，达到一种"像现代又像传统"的效果，从而倡导传统建筑甚至是传统文化的回归。这并不是简单的"复古"，而是可以观察到它要传达的情感，并且也能感受到那种宁静和睦的空间氛围。通过对传统建筑元素合理适当的更新运用，不仅达到了想要的视觉效果，更寄托了人们的情感因素，以及对传统文化的留恋。园林的空间形式可以使人们在参观完展览之后进行适当的休息和回忆，以便积攒精力参观下一个展览。川军馆就是一个很好的实例，该馆的原型是具有地域特色的四川民居建筑。该建筑狭长，于是采用了一种特殊的空间组织形式，整合了空间，使得整个博物馆非常整体。在现代展示设计中运用传统园林的建筑形式来布局，会使人感觉如同在游园一样。在这样的空间当中，通过体验传统园林的意境，使参观者在有限的空间中有无限的遐想，点燃在重重生活压力下人们的内心生活。

2. 传统民居建筑

中国传统民居建筑种类很多，地域上有南北建筑之分，不同的文化和地域在建筑形式和结构方面都有所区别。徽派建筑是中国传统建筑风格当中很有特色的一种形式，彰显着自己丰富的文化内涵，营造了一个很有特色的人文环境，更是有着鲜明的地域特征。说到徽派建筑，我们就能想起黑瓦白墙、马头翘角、小青瓦和"三雕"艺术，建筑元素是很有讲究的；再就是徽派建筑的空间布局，大小空间错落结合，有主有次，以群体取胜，注重虚实结合，成了空间设计的精致亮点，打破了传统建筑的完全对称。在意境上，徽派建筑与天地山水的环境色彩协调呼应、相得益彰。徽派建筑有其独特的审美价值和审美内涵，其地域性特征丰富了多彩的设计思想。建筑文化是传统文化的重要部分，反过来会展设计也侧面宣传了建筑的特色和优秀的传统文化，建筑与展示的关系不仅仅在空间形式方面，建筑文化是它们之间的桥梁，展示设计更重要的是要展现其文化价值，让人们感受一种特定的意境，丰富人们的情感空间。

3.宫殿建筑

宫殿建筑是中国传统建筑中的一朵奇葩。以北京故宫为代表的宫殿建筑，在形式上庄严肃穆，在结构上庞大。宫殿建筑在布局方面的最大特点就是沿中轴线对称分布，布局严谨，并且布置井然有序。在宫殿建筑中，建筑元素的装饰是非常细致和豪华的，艺术效果显著，富有艺术魅力。

（二）创作形式的简洁性

以中国传统建筑为元素创作现代陶艺时，其简洁性主要体现在建筑的造型与装饰本身具有的简洁性方面。建筑由于体形巨大，必然要求以简为主。整体上的简洁，配以局部上的精细是建筑的共同特点。而且，陶艺家在运用这一素材时，又根据创作的实际需要，往往只需截取其中的某局部元素，如此则使作品最终必然呈现一种简洁的效果。如用窗格创作的陶艺壁饰，用青砖的肌理装饰的花器，其造型、纹饰往往近于几何性、抽象性，视觉效果简洁明了。

不同的历史阶段，传统建筑的样式也各有不同，并且富有变化。其深厚的文化价值、审美价值影响深广。从古至今，传统的建筑元素、建筑样式，在同期的陶艺中都有所体现，具体形式主要有以下两种：

一是陶塑明器的形式。战国以来的陶制瓦当、汉代铅釉陶楼建筑和画像砖、魏晋时期魂瓶上的楼阁，以及明清琉璃制品等，这些陶瓷制品构成了建筑与陶瓷材料的天然联系，也为现代陶艺创作提供了可资借鉴的丰富实例。特别是西汉晚期至东汉初期的釉陶精美多样，当时的陶工生产出各种型号的壶，还有钵、樽、仓、罐、洗、杯、勺、盒、魁、几等；东汉末年增加了博山炉、瓶形器，各类动物、人物，即俑类形象。在黄河流域的河南、山西、甘肃等地还出现了釉陶树、水榭、高楼、仓房、坞壁、楼橹等建筑模型。在河南、四川、广东等地则出土了水田、鱼塘模型等。釉陶丰富的内容把当时现实社会的生产活动、劳动者的衣食住行、农家的生活情景（如家畜、家禽的饲养）、人们的娱乐和生活、人际关系、意识形态等方面都形象地表现出来，具有很高的艺术水平。

二是陶瓷装饰的形式。陶瓷装饰形式在近古时期发展起来，它伴随陶瓷的釉下彩而产生。其中最突出者是产生于清末的陶瓷界画，直接借鉴了国画中界画的模式。界画是中国传统绘画中的一个极具特色的门类。在此类绘画中，以屋宇、楼台为主要题材，并且使用相应的技术和特殊的工具，如界笔、直尺等。虽然陶瓷界画这个种类相对年轻，但在众多装饰题材中，可谓异军突起。相较于其他题材，金碧辉煌的陶瓷界画建筑题材更有气势，也要更精致、更逼真，更能充分地表现中国建筑的"如鸟斯革，如翚斯飞"的意境。比如，在清朝前期有一套陶瓷界画的杰作——《雍正圆明园十二月行乐图》，作者据传是清代宫廷绘画大师郎世宁。郎世宁是历经康、雍、乾三朝最著名的宫廷画家，在他的努力下西洋绘画的风格与技巧受到了宫中的认可。他能力超群，技法全面、娴熟，人物、花鸟、山水，无一不精，尤擅鞍马人物。同时，郎世宁也是珐琅彩画的创始人之一。

《雍正圆明园十二月行乐图》表现的是雍正皇帝与子女们在圆明园中生活的真实场景。作品共十二幅，对应十二个月份，分别为"正月观灯""二月踏青""三月赏桃""四月流觞""五月竞舟""六月纳凉""七月乞巧""八月赏月""九月赏菊""十月画像""十一月参禅""腊月赏雪"。每个场景均以不同的建筑为主体。画面整体组织安排得当。建筑的细节精细生动，真实逼真，看不到任何败笔。作品所展示的圆明园风光，让观者仿佛置身于那已经消失的"万园之园"之中。通过这套作品，圆明园中的经典建筑得以永远保存在人们的脑海中。观者能真切地感受到当时中西方建筑风格融合的真实样例，也为研究那个时期典型建筑的时代特征留下了翔实可靠的第一手资料。

（三）制作手法灵活

将中国传统建筑元素运用到现代陶艺中，因其自身的形式多样，必然带来制作手法的多样化。如屋顶的瓦片可以用泥片成型，墙垛可以用泥板成型，窗格则需泥条制作。如需木纹的效果，则可利用木头直接压印或者采用绞胎的手法将两种色泥糅在一起，然后横截、压平来取得。另外，作品表面的装饰可以堆塑，可以雕刻，还可以镂空、剔花等。总之，手法灵活多样，制作过程也极其有趣。

二、中国传统建筑元素运用的手工性

建筑元素在现代陶艺创作中的手工性主要是指在陶艺作品制作过程中更多依赖人手的制作。在一定意义上，工艺就有"技艺"的意思。在《说文解字》中，"工"的解释是："巧也，匠也，善其事也。凡执艺事成器物以利用，皆谓之工。"又说："工，巧饰也。"也就是说，"工"和一门巧手艺是分不开的，不是身怀异技的人称不上"工"，手工性给我们最深刻的印象是人情味足。好的技艺能够保存、展现和发挥材料的个性或者说工艺在一定程度上就是展现材料个性的艺术。"手感"强调的是对材料的感觉。这种感觉一方面是熟悉和亲切的感觉，也就是掌握了材料的性能可以运用自如；另一方面，好的工艺师还能在材料上独具慧眼，通过自己的高超技艺来发掘材料的潜力。材料本身具有天然的材质美，但是这种美在更大程度上要靠工艺师去发掘和表现。工艺的手工性就这样在材料和技艺中渗透出来。建筑元素在现代生活陶艺上的运用在很大程度上增加了手工工艺的成分，因而更加贴近现代设计的趋势，满足现代人审美的心理。当我们沉着地握住一件手工陶艺时，可以感受到从手工艺人那里传递过来的脉脉温情。这恰恰是工艺的价值所在。

第二节　徽派建筑元素在现代建筑陶瓷中应用的可行性

　　建筑陶瓷作为建筑空间环境的装饰手段，可以运用在建筑空间中的任何位置。当它作为环境陶艺时，不仅要起到装饰建筑空间环境的作用，还要调节建筑环境与周围环境的关系，并且要做到大众、建筑环境、陶瓷作品三者之间协调统一。在经济高速发展的当今社会，人们对钢筋结构筑造的生活都市产生了厌倦，希望得到自然的回归和人文情感的关怀，这就给了建筑陶瓷与徽州建筑艺术结合的机会。建筑陶瓷作为建筑装饰，本身就与建筑艺术有着密不可分的关系，徽州建筑艺术因其独特的艺术特点和审美特性能给建筑陶瓷的设计创作带来很多新的元素，而徽州建筑艺术所蕴含的文化元素也能使建筑陶瓷给大众传达出朴实、素雅的人文关怀。

一、装饰题材在建筑陶瓷中的活用分析

　　由中国陶瓷艺术大师景德镇陶瓷大学何炳钦教授设计的位于江西南昌红谷滩新区的万达文化旅游城（见图3-1）的大型环境建筑陶瓷青花壁饰，是迄今为止全世界体量最庞大的环境建筑陶瓷装饰，建筑陶瓷青花群整体建筑南北长400米，东西宽200米，周长1200多米，建筑面积在30万平方米左右，使用大型青花建筑瓷板45万块，建筑外墙装饰都是由这些陶瓷瓷砖拼贴而成。并且，

图 3-1　万达文化旅游城

在瓷板的制作上采用了与传统制作不同的三维立体（3D）喷墨打印技术，这是大型环境建筑陶瓷的一次技术革新，也是艺术与科学的结合。这种技术革新推动着陶瓷服务人们生活有了更多的可能性。在装饰题材设计上，据何炳钦教授讲述，其创作的灵感来源是徽州建筑装饰题材。徽州建筑也带给笔者以启发和灵感。徽州建筑非常具有特色，除了其黑瓦白墙、层檐飞展的鲜明形象外，它的门楣、窗格、架梁、梁托、檐条、栏板、栏杆、枋、檩、斗拱、雀替等各部分都有丰富的木雕装饰，雕花撰朵，华丽繁复，细密交接，与结构融为一体，其细节和整体都非常富于形式之美。徽州木雕的题材有四季景物、山水风景、戏曲人物、民俗传说等。例如，人们喜闻乐见的八仙过海、瑶池仙会、麻姑献寿、麒麟送子等表现了古代社会人们的美好愿望；渔樵耕读、书生赶考、牧童村姑等表现了人们的不同生活场景，体现出人们对生活的认知和欣赏；耍龙灯、舞龙、舞狮、跑花船等民俗活动的场面则表现了节日的喜庆气氛，它们形成了一种传统的生活节奏；山水、花卉、灵兽、虫鱼、云头、回纹、八宝博古以及几何形体等图案，细密连绵，结合缠枝纹，形成丰满的装饰质地和纹理。这些装饰之中蕴含着深厚的人伦教化意义。在无声而鲜明的图画之中，包含着对民众生活态度的教育。在现代社会，人们同样需要这些内容来体现内心的想象和向往，追求生活的幸福感和认同感。万达文化旅游城的装饰题材借助了徽州建筑装饰题材及寓意的表达，分别有"龙凤呈祥""喜上眉梢""事事如意""花开富贵""年年有余""福寿双喜"等题材，充分地体现了徽州建筑装饰题材中吉祥纹样的寓意。艺术家用现代构成方法把花鸟、龙凤、植物等纹样进行提炼和概括，充分展现出艺术家的扎实美术功底和高超设计才能，创造出了符合当代人审美的构图方式和图案装饰纹样。这些题材的装饰活泼、饱含情感的传神画面，呈现一派祥和、喜气、活泼的环境气氛，画面层次分明、主题突出，把设计师的思想情感进行艺术化的完美表达，让大众在体会青花艺术神奇魅力的同时感受徽州建筑传统装饰题材的吉祥寓意以及人文关怀。现代构成设计的思维让整体画面装饰感十足，体现出设计师高明的创意与艺术表现水准。从建筑造型上看，万达文化旅游城建筑造型以陶瓷的日用器皿为元素，如瓶、罐、碗等造型，建筑师把这些陶瓷日用器皿以建筑的形式表现出来，合理地把它们串联在一起，整体感觉阵容庞大、排列错落有致。青花装饰与建筑造型本身也是完美地匹配在一起——陶瓷瓶罐的建筑造型和陶艺青花的外观环境，装饰设计的创意结合与搭配做到了造型与装饰的和谐统一，形式与内容的统一。从装饰颜色上看，整个装饰色彩统一在蓝色的淡雅色调之下，与天空、周围环境颜色相互映衬，建筑装饰整体色彩清新淡雅，与周围环境巧妙地融为一体，远处的天空仿佛映照在建筑表面，很好地做到了虚与实的结合，可以说这种蓝白交替、虚实结合的意境营造才形成了完美的建筑装饰，真正地达到了"天人合一"的境界。何教授在万达文化旅游城环境建筑陶瓷的设计上很好地把握了"民族性"这一特点,把徽州建筑的装饰题材巧妙地与青花相结合,活泼生动的纹饰结合陶瓷本身的自然属性给活动在空间中的大众一种自然亲和感和人文认同感。万达文化旅游城陶瓷装饰的成功也证明了徽州建筑艺术的装饰题材在建筑陶瓷中活用的可行性。

二、徽州建筑材料元素的活用分析

在徽州建筑众多建筑材料中,砖与瓦作为陶瓷材料在徽州建筑中有着很好的装饰效果,它们作用在徽州建筑的室内装饰与室外装饰中,丰富了徽州建筑的装饰形式,其装饰也体现出徽州人民的"礼学"观念和"天人合一"的精神向往。它们是徽州建筑艺术意境营造的主体之一,也是徽州建筑艺术的活用元素之一。

笔者在徽州古城歙县进行实地考察时,在一家酒店的外墙上看到了一面以砖为材料,造型为徽州牌坊式的建筑大门。这扇大门以砖雕浅浮雕与深浮雕相结合的技法进行雕刻装饰,通体以七幅砖雕为主要画面,装饰题材分别是龙纹、山水题材、花鸟动物题材以及人物题材,七幅主砖雕旁是以几何花纹为主的边饰雕刻。这扇大门在图案雕刻上比较精致,局部细节丰富多变,大门装饰充分发挥了青砖原始肌理效果和青砖本身自然古朴的颜色,使作品达到更好的审美价值的同时,带给大众极大的亲和力和感染力,整体构图形式以徽州门楼装饰的传统构图形式轴对称构图为主。砖雕的大门造型使整体建筑呈现出庄严、朴实的艺术氛围,内容丰富的砖雕图案传达出徽州建筑艺术的文化内涵。徽州古城歙县作为徽州建筑的主要聚集地之一,在现代建筑外墙运用砖雕的装饰以及门楼的造型与当地环境和谐统一,相互映衬。现代建筑中的砖雕牌楼也展现出徽州地区质朴、素雅的人文情怀。徽州建筑材料青砖以牌楼的造型在建筑空间中的装饰证明了徽州建筑艺术在建筑陶瓷中活用的可能性,而青砖在建筑陶瓷中的运用也有待更多形式的发掘和设计创作。

中国美术学院建筑系王澍教授把砖、瓦建筑陶瓷材料运用到了极致。王澍教授是中国唯一一位获得有"建筑界的诺贝尔奖"之称的普利兹克建筑奖的大师。他的建筑设计蕴含着丰富的中国传统建筑语言,他的建筑装饰运用于这些建筑中,古朴、自然而不失现代感。在以钢筋水泥为主要建筑装饰材料的今天,王澍教授把砖、瓦这两种陶瓷特性的建筑材料的特性发挥得淋漓尽致,他的许多建筑设计中都运用了这两种朴素的陶瓷建筑材料。王澍教授在中国美术学院象山校区的部分建筑装饰设计中大量采用了砖和瓦相结合的建筑外墙装饰,这些装饰都是不同年代的旧砖瓦拼接堆砌而成的,给大众一种历史的厚重感和人文的时代感,青色的砖瓦颜色与建筑周围的自然环境相互映衬,整体色彩营造出素雅、沉稳、古朴、幽静的空间意境,这也与徽州建筑的空间意境有着相同的特点。旧砖瓦的回收再利用也体现出了可持续发展的绿色生态观,不仅节约了资源,旧砖瓦的表面肌理也形成了具有时代烙印的装饰,斑驳的碎砖瓦更容易引起大众的传统回忆。在由青瓦和青砖堆砌的墙体上以几何的造型开窗,犹如徽州建筑的隔扇一般。瓦片装饰不仅体现在建筑外墙，在学校建筑的房檐和房顶上也都铺满了具有时代感的小青瓦，却没有迂腐的破旧感。屋顶的造型被王澍教授设计成山型，排列犹如徽州建筑马头墙的走势，许多建筑都有通往屋顶的楼梯，在屋顶可以自由地穿梭，站在上面看铺满了小青瓦的屋顶，给人强烈的视觉冲击，极富秩序的韵律美。屋顶的青瓦排列与远方的象山相互交织，形成了虚实相交的建筑环境空间。王澍教授将砖、瓦这种建筑陶瓷材料运用在建筑陶瓷装饰中，营造出了古朴、艺术、幽静、自然的建筑环境，校园中大面积的白墙黑瓦尽显中国画的意蕴。砖、瓦作为徽州建筑艺术的元素之一，它在现代建筑中的活用也展现出了徽州建筑艺术在建筑陶瓷中活用的可能。

瓦片装饰还在建筑室内的装饰中有着很丰富的表现，如由著名设计师余平设计的瓦库茶艺馆，店内的所有建筑装饰都采用了青瓦作为室内墙面的装饰材料，有被组合成壁画装饰墙面的，有用于地砖铺设的，等等。瓦片以一种原生态的建筑陶瓷用于形态的叠加、整合，以传统鱼鳞组合的方式在室内空间中形成一面面墙壁，有些还被做成漏窗用以室内的通风和采光，让室外的景色通过这瓦片漏窗传达给大众，室内的典雅瓦片装饰与室外的风景相互融合，体现了情景交融的生态设计表达。同样的建筑陶瓷装饰形式还在中国安徽绩溪县博物馆有着很好的表现。绩溪县也是古徽州的管辖范围之一，其博物馆的建筑陶瓷装饰把砖瓦这一元素运用在屋顶和墙面上，瓦片通过不同的排列组合进行装饰，展现出一种秩序的韵律美和古朴、自然的空间氛围。这些建筑陶瓷装饰形式是徽州建筑艺术在建筑陶瓷中的活用表达。

三、装饰图案的构图组合形式的活用分析

在徽州建筑装饰中，其装饰图案的构图组合形式非常具有代表性，呈现出以直线、曲线、斜线图案组合结合点、线、面构图方式的组合形式。不同线条交织于一体，秩序感中富有形式的变化，形成了流畅、繁密、婉转的视觉特征，这是强调不同元素在变化中相互协调的设计理念。

这种构图组合形式在陶瓷壁画中得到了很好的表现。由汉光陶瓷公司为上海凯旋门大厦制作的室内环境壁画《水纹壁饰》，整件壁画作品施以无光釉色烧成，呈现出自然、粗犷的陶瓷肌理感。作品的装饰元素是水纹，整体画面由起起伏伏、富有节奏感的方块几何瓷板拼接组成，几何瓷板中的水纹经过小瓷板的分割线打散重构，富有旋律的曲线与直线呈现出了刚柔有度的画面，整体感觉犹如雨水打在水面，水波纹在水中荡漾，而起伏的陶瓷板犹如溅起的雨水。在构图上，以点、线、面的构图形式组成，起伏的陶瓷板和水纹中间的水滴形状为点，水纹线和陶瓷切割线共同完成线的表达，而没有起伏的瓷板则是面的表达，整体构图疏密有度。而在图案组成上，水纹的曲线和瓷板的分割直线相互交织，构成了在秩序感中又富有变化的图案特征，这也正

是徽州建筑艺术中装饰图案的构图组合形式表达。从这幅陶瓷壁画的构图及图案组合来看，艺术家希望观众通过画面中线条的走向产生更多的画面联想，凸起的瓷板与流畅的水纹带给观众一种动静结合的有趣视觉体验。作品整体颜色舒雅，与建筑室内环境和谐统一，恰到好处的灯光效果，把整幅作品表现得更加立体突出，水纹的曲线通过打散重构，使观众在室内也能犹如身处大自然观看湖面一般，让观众在忙碌的工作之余感受到回归自然和心灵上的慰藉。作品的意境营造结合朴素的自然图案，也是艺术家对"天人合一"理念的追求。

四、徽州建筑群体组合形式的活用分析

徽州建筑群体组合形式呈现出克莱夫·贝尔所说的"有意味的形式"，徽州建筑通过马头墙的造型轮廓线、黑白灰的色彩、高低错落的排列，既表现出动感的韵律，又呈现出有意味的形式美感。

许多艺术家开始涉及或尝试将徽州建筑群体组成的形式感与陶瓷绘画相结合，他们从不同的角度，为徽州建筑艺术元素和陶瓷壁画的融合提供了独特而丰富的视觉体验，运用现代陶瓷绘画手法和意象化的表现方式，将徽州建筑的组合形式这一符号表现在陶瓷壁画中。其中较具代表性的是景德镇陶瓷大学教授罗小聪，他的大型陶瓷壁画作品《故里寻梦》由12块瓷板拼接而成，全长6米，高172米，画面通过青花装饰技法中的剔青技法在瓷板上绘制而成。剔青技法是在陶瓷泥坯上先上一层青花釉料，然后用刻刀将画面剔出来，这一工艺丰富了陶瓷艺术的表现力，体现出浓郁的现代装饰风格。从画面中可以看到藏在群山中的徽州建筑富有形式感的前后穿插，剔青技法和青花的颜色结合、马头墙的节奏感和动势感带给人们强烈的视觉冲击，很好地诠释了这一元素的表达。远处的云和山与徽州建筑争相呼应，山峦层层叠叠，由近到远，由实到虚，层层晕染，情景交融之下把中国画的水墨精神和徽州建筑的形式律动之美融入青花绘画之中。艺术家对工艺技法的熟练掌握使其作品表达流畅自如，恰到好处的浓淡轻重，深深浅浅的蓝色在莹润的釉面之下宛转流动，把青花这种颜料所能表达的优雅、深沉、轻灵、厚重等艺术特征都酣畅淋漓地体现了出来。青花的浓淡变化与马头墙的白色、树木的灰色组成了黑、白、灰的另一种表达，画面中黑、白、灰关系的处理恰到好处，整幅作品将青山绿水、村落人家描绘得如"桃花源"般优美、迷人，诠释着"天人合一"的哲学理念。

环境陶瓷艺术家朱乐耕教授很擅长这种形式的表达。也许是因为朱乐耕教授从小在景德镇生活，与景德镇邻近的婺源、瑶里的徽州建筑对他有所影响。他的陶瓷壁画作品中有很多对马的创作，组合方式犹如徽州建筑的马头墙一般层层叠叠，富有形式美感，呈现出万马奔腾的感觉。他的马就如他所说是英雄的象征，古代将军都有战马相陪，马既是吉祥寓意的代表，也是儒家礼学思想中"忠义"的表达。徽

州建筑装饰中有许多马的雕刻，这既是对儒家思想的传播，也是徽州人民对子孙后代的祝福，更是徽州人对大自然的崇拜。他为中国北京某个地铁站设计的陶瓷壁画《万马奔腾图》，在构图上、形式表现上、装饰题材上都有很多徽州建筑艺术的元素。该作品由 12 块大型瓷板拼接而成，总长 18 米，高 3 米，整幅作品都是纯手工绘制，采用中国陶瓷传统绘画工艺红绿彩进行绘制，作品整体色调以红、绿为主，加以黄色点缀。装饰题材为马和云纹，画面中的马在富有形式感的穿插下层层叠叠，彰显出无穷的活力和激情。而马身上的祥云图案，让人不禁联想到马在云中穿越的即视感，营造出了一幅天马行空的画面，给予了观众更加宽广的联想空间。画面中的颜色搭配是黑、白、灰色彩的另一种表达，元素的布局体现出点、线、面的构成形式。而作品放置在地铁站，其所体现的一往无前的形象与地铁作为现代交通工具奔驰的形象相互映衬，而乘坐地铁的旅客也像奔腾的骏马一般奔波于城市的各处，作品与建筑空间完美融合，属性的相似给观众带来一种熟悉的亲切感。这种亲切感能让大众在奔波的路途中停留片刻，活泼、奔腾的骏马形象能带给大众欢快的环境氛围和充满斗志的活力。通过对作品的欣赏，不仅获得来自作品的人文关怀，还使忙于奔波的身心得到些许的慰藉和放松。而马元素所表达的儒家礼学内涵也对大众进行着潜移默化的教化。整幅壁画作品很好地与建筑空间环境融合，不仅装饰了建筑环境空间，还给大众带来了精神的享受和自然的回归以及人文的关怀，人、环境、作品和谐统一，这也正是"天人合一"的完美表达。另外，这些徽州建筑艺术元素的运用也可以激发人们对于传统文化的重新认识，在观赏中增强民族的文化自信和民族自豪感。

从上面的活用案例中，我们能看到徽州建筑艺术在建筑陶瓷中活用的可能。好的建筑陶瓷不仅要与建筑环境空间和谐统一，还要带给大众美的享受和人文关怀，而徽州建筑艺术不仅蕴含着丰富的装饰元素，能给艺术家的设计创作提供丰富的元素和灵感，并能给作品带来富有寓意的吉祥内涵。而且，它蕴含的设计思维更是现代环境建筑陶瓷所应该借鉴和应用的，能给设计建筑陶瓷时的构图与图案组织带来一定的启示。儒家的礼制思想能给作品丰富的文化内涵，而"天人合一"的美学思想更是建筑陶瓷的创作追求。从 20 世纪初西班牙建筑艺术大师安东尼·高迪对陶瓷与现代建筑的结合进行重新定义开始，许多艺术家均对陶瓷与建筑相结合的方式进行着不断的探索。

第四章　徽派建筑元素在现代陶艺创作中的具体运用

第一节　徽派建筑造型在现代陶艺中的运用

一、在雕塑性陶艺中的应用

利用建筑的整体造型作为现代陶艺的创作元素是许多现代陶艺家乐于采用的一种方式，其特点是容易制造一种恢宏的气势。

梁文伦因为其老宅系列作品给国际收藏家们留下深刻的印象。其作品也因而得名"中国的小房子"。"中国的小房子"曾唤起了不少华人的思乡情。

据梁文伦介绍，他之所以选择徽派建筑，是因为徽派建筑是中国南方最具代表性的建筑之一，也是我国重要的文化遗产，具有一定的文化意义。梁文伦采用纯写实的表现手法，真实地恢复了徽式民居的原貌。

对于梁文伦的陶艺作品，清华大学美术学院副院长、陶艺专业博士生导师、《中国现代美术全集》主编杨永善给予了高度评价。他认为梁文伦的作品中"有一种沧桑感，甚至苦涩苍凉，但又是亲切的，饱含着一种人情味，令人怀想"。

比如他的经典作品《隙》（见图4-1），作品中有雕花的窗棂、水磨的青砖，也有老旧的土墙……从中既能看出建筑原有的华丽，又能看出岁月的痕迹。断瓦残垣是时代变迁的写照，更是对岁月中永存文化的感慨。为表现这个主题，该作品采用了特殊的形态，作者用了夹缝的效果，通过缝隙透出一座老宅，增强了作品的神秘感和历史厚重感。

图 4-1　梁文伦的作品《隙》

从作品《江南一阁》(见图 4-2)老宅精美的建筑和装饰上，可以想象到建筑原来的风采，而现在一切都旧了，只留下一种恬淡的美。该作品用了大量的瓦片，这是采用艺术的手法营造肌理，表达它的沧桑感。

图 4-2　梁文伦的作品《江南一阁》

林则钦在这方面也做了许多尝试，如《水墨徽语 5- 逸》(见图 4-3)。该作品以皖南徽派建筑的整体村落为原型。古典的徽派建筑一直是江南的一个符号，并与传统的水墨有着神似之处。粉墙黛瓦，参差错落，矗立于江南微雨中。这唯美中的秩序与和谐，节奏与韵律，动与静，每每触动我的视觉神经。为了强化其诗意与古典美，创作者在粉墙中加入了水墨元素，努力促成古典美与现代美的融合。

图 4-3　林则钦的作品《水墨徽语 5-逸》

作品《水墨徽语 11-腾》（见图 4-4）以民居为单元组成一个鼎的形状，以民居寓意人民，以鼎寓意国家，讲述中国梦。作品延续《水墨徽语》系列的基本元素，依然是点线面、黑白灰的构成形式。而在整体组合上把原先的落地式变为腾空式，一是契合鼎的造型；二是为了凸显一股向上的力量。

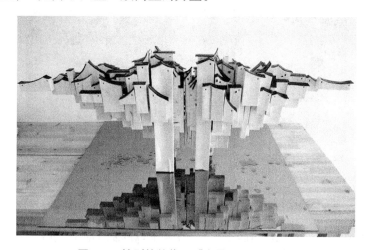

图 4-4　林则钦的作品《水墨徽语 11-腾》

二、在绘画性陶艺中的应用

现代陶艺家采用这种形式的并不多，其中一部分是以陶瓷装饰为主要手法的陶艺家，另一部分是来自景德镇之外的画家。他们尝试绘画与陶艺的结合，在花鸟、人物、风景方面均有广泛的尝试。

比如，景德镇土生土长的瓷板画家刘伟。欣赏刘伟的作品，总有一种浓浓的乡情萦绕在心头。无论是余光中的诗歌《乡愁》，还是费翔的歌曲《故乡的云》，每个人都对故乡有深情的眷恋，而刘伟通过陶瓷艺术表达乡情正是陶瓷艺术家最好的表述方式之一。无论是他的窑变粉彩综合装饰《徽乡情》镶器，还是釉上彩瓷瓶《月光曲》；又无论是釉上彩瓷板《春风又绿》（见图 4-5），还是新彩瓷板《雨沐春山》，在形式上和内容上，刘伟都认真研究。工笔和写意结合的手法，色彩瑰丽变幻的运用，构图立意高远的设计，乡情系列风格已经成为刘伟陶瓷艺术创作上的主要艺术语言，成为他的作品走向海内外的标志。刘伟对高温颜色釉的发色规律把握到位，对陶瓷的诸多装饰工艺也熟练掌握。他在自己的诸多作品中充分发挥了高温颜色釉的独特魅力，从而谱写出优美的瓷绘乐章。江南建筑一直是他作品中的主角。用颜色釉来描绘素色的江南建筑显然不太适合，所以建筑主体多用色剂绘制，而颜色釉则主要用于描绘江南五彩缤纷的山林，正好衬托出主体建筑。比如他的代表作《渔歌》（见图4-6），图中大面积的铜红色渐变，仿佛山花烂漫。山前村舍柳暗花明，飞檐轻盈，墙头瓦片依稀分明，檐下门窗刻画细致入微，与空阔的白墙形成疏密对比，又与大写意的山林虚实相对。作者在色彩上、手法上、面积上、动静虚实上均做了巧妙的安排，再配上村前溪边小道上牧童持笛横吹，后随吃饱喝足、闲适悠行的牛群，江南乡村的宁静恬淡感扑面而来。

图4-5 刘伟的作品《春风又绿》 图4-6 刘伟的作品《渔歌》

三、在生活陶艺中的应用

建筑元素在生活陶艺中的运用首先出现在紫砂壶上。紫砂壶向来有仿生的系列，传统建筑也是一个重要的模仿对象，比如周定芳的《老屋》系列（见图4-7）。该作品充分体现出老屋的沧桑岁月。作者以老屋的整体造型为元素，生动刻画了屋顶、烟囱、石头砌成的老墙、老旧的木板拼成的古门，包括门上的细节刻画。本作品巧妙地利用了老屋的各个元素与壶的各个部分的契合，如屋顶做了壶盖，烟囱做了壶嘴，而屋后的老树做了壶把。从设计的巧妙可以看出作者对于老屋的细致观察和对壶的心领神会。本作品不仅在整体上充分地利用老屋的具体形象，而且在每个具体细节上都做了生动表现，包括对壶具体形态的准确把握，以及对表现肌理的生动刻画。

图 4-7 周定芳的作品《老屋》

随着现代陶艺的流行，在日用瓷领域，也有越来越多的陶艺设计师将建筑元素融入生活陶艺中。

设计师崔明月曾设计过一款以建筑元素为主的茶具《江南印象》（见图 4-8）。该作品以徽派建筑的整体造型为基础，提取建筑经典元素：粉墙黛瓦，门窗点缀其间。鲜明的点线面、黑白灰节奏结合茶壶的造型，力求美观实用。将壶盖设计成屋顶，壶身则为墙体，门窗采用色料绘制，而将烟囱延伸为壶嘴。作品中特意弱化提梁，使得茶壶整体上看起来是一座完整的"建筑"。茶叶罐和花插的手法亦同。茶杯与茶托则正好相反，其倒影貌似一座正放的建筑。如此，正反对比，虚实相生，平添几分意趣。这几件主体刚好组成一个建筑群，犹如一个小村落。再加上桥型的勺搁，船型的香插，底下衬以茶色玻璃，共同构成一幅素雅而宁静的江南景象。

图 4-8 崔明月的作品《江南印象》

第二节　徽派建筑构件在现代陶艺中的运用

一、以门元素为主要素材的现代陶艺

在漫长的历史岁月中，中国的传统建筑一直在不断地发展演变。门的形式也在不断地变化，并形成了独特的门文化。门文化是历史与文化在建筑中最集中的体现之一。这与它的功能的重要性、位置的独特性以及形式上、装饰上的丰富性有直接关系。中国传统建筑有集群出现的特点，所以建筑的门既可视为个体，也可视作群体。在建筑群体的门中，大到城门、宫门，小到民居的门、厢房的门，都有着各自的特点和形制要求。

门的分类依据有多种。可根据其所处位置不同来分，如大门在皇宫称宫门，在官府治所称衙门，在寺庙道观称山门，在军营行辕称辕门，在普通住宅称门楼；也可根据门的功能不同来分，有城门、宫门、宅门、寨门、衡门、牌坊门、垂花门、棂星门等；按照结构特点，门又可分为合式、屋宇式、牌楼式、随墙式、朔式等；如果从建筑学的角度，以立面形态和平面形式为划分依据，按照其形制特征，能够将门划分为典型的七大类，即城门、宫门、山门、牌坊门、门网、宅门、洞门。自然、物质等限制条件的多样性主要表现在中国南北气候悬殊，东西山陵河海地理条件不同，在材料资源和技艺经验等又存在很大差别，再加上各地区的风俗习惯、生活方式和审美要求不同，造就了我国传统建筑的门鲜明的民族特色和多样的地域风格。

纹饰是中国古典建筑的一大特色。在漫长的历史中，建筑的类型越来越丰富，建筑文化也越来越多样化，建筑纹饰也随之发展。而建筑的门面正是大门，这是整栋建筑的首要部分。因此，大门上的装饰也是极为精美的。门上的装饰基本上集中在门的组成配件上。开始时这些配件只起到结构作用，是没有装饰的。后来，随着人们审美水平的提高，发现这些配件光有使用功能远远不够，还要有装饰功能。于是，这些配件逐步朝装饰化方向发展。慢慢地，它们不仅有了审美价值，还融入了文化因素。门的配件多为木质，如门楣、门框、门槛等；也有石质的，如门枕石；还有铁质的，如门钉、门环。发展到后来，又加入了门神、对联等点缀物。门有着如此深刻的内涵和多样的形式，以及丰富的配件，自然是陶艺家喜爱的创作素材。

如邓启荣的陶艺《门》（见图4-9）。半掩的门，老旧的木板，具体而真实。门上留着斑驳岁月的痕迹。门板上有缺口，既无门环，也无门神，两边亦无对联。门框脱

离墙壁，严重倾斜，整体体现破败迹象。一切细节都指向人去楼空。门与框的和扇栩栩如生，再现当时门开启后，人去了，忘了关上门的情形。半掩则引起观者的好奇：在门里面有着怎样的故事？而门边上一口大缸完好如新，更是反衬了门的破败。

图 4-9　邓启荣的作品《门》

再如刘青云的作品《门》（见图 4-10）。刘青云的作品主要表现民风、民俗以及童趣等内容。雕塑手法娴熟，陶瓷器型设计与装饰新颖。这件作品是一个综合装饰罐。画面主体为一扇传统老门。门内外有几个嬉戏的童子。门以浮雕形式表现，门板为木质，木纹被适当地放大表现，并涂以仿木色，使得纹理的美感更加强烈而又不失真实。门的两侧与门楣上的春联红底黑字，显得喜庆热烈，与整体的画面氛围融洽。且门框配有柱础，柱础则采用青花装饰，写实而细腻，纹饰历历。并且，青色还能体现出柱础的青石质感。

图 4-10　刘青云的作品《门》

二、以窗元素为主要素材的现代陶艺

传统窗牖作为中国建筑的重要构件，是中国传统建筑装饰中最富于变化的部分之一。它以千姿百态的样式体现着民族审美意象的独特内涵，成为中国传统建筑装饰手法中的重要表现形式。优秀的窗牖装饰既具有历史、文化价值，也具有实用和艺术价值，其作为中式风格具有代表性的设计语言之一，可为追求民族特色的现代设计提供丰富的灵感来源。从秦汉以来，建筑一直在变化，门窗也随着建筑的变化而变化。我国的古建筑多以木材进行建筑的框架结构设计，这使窗成为中国传统建筑中最重要的构成要素之一，成为建筑的审美中心。早期的窗比较小，而"窗"字下半部分是一个"囱"字，表明它是用来透气换气的，而现在说的烟囱则是用来排烟的通道。随着建筑的变化，人们对窗的要求也越来越高。

作为一个重要构件，中国传统建筑中的窗户往往是建筑元素中最精彩的部分。它千姿百态，富于变化，独具民族审美意象的内涵。在所有的建筑装饰手法中，它是最重要的表现形式。经典的窗户装饰不仅有实用功能，还有艺术价值，更有历史、文化意义。许多设计师想要追求中华民族特色，多会来此间寻找灵感。它也因此成为中式风格的典型设计语汇。

中国传统建筑中的窗户造型多样，特别是明清时期江南园林的窗户，其造型样式繁多，变化丰富。窗户位于不同的位置，有着不同的功能，进而就有不同的造型和装饰。无论是在走廊上、墙体上，还是在转折处、拐角边，甚至在游廊的尽头，都有着相应的窗户。其造型、功能、装饰均各不相同。

传统窗户的色彩因不同民族的偏好及地域环境的影响而各不相同，各具特点。这些颜色还代表着当地的审美习俗，蕴含着不同的丰富寓意。与门的大气势稍有不同，窗户在现代陶艺中的运用比较富有诗意，如女陶艺家黄萍的作品《窗》（见图4-11）。

图4-11 黄萍的作品《窗》

黄萍的陶瓷综合装饰作品融传统与现代装饰技法为一体，尤其以粉彩、新彩、青花等综合装饰见长。本作品为综合装饰瓷板。整体是一面粉墙，上覆青瓦，墙角伸出几枝玉兰，两只彩蝶上下翻飞。墙正中开一扇扇形窗，窗格被替换成缠绕的花枝，看似窗格又似窗户中的景象。在釉色上，瓦与窗户均为青瓷，采用浅浮雕的手法，而花与蝴蝶为釉上彩。周边背景为不规则的陶泥色，与主体画面形成一种质感上的鲜明对比。在主体形象中，墙体作为花和蝴蝶的背景存在。墙体上的那扇窗为画面的重点。整体墙面所营造的一种幽静氛围，使得花与蝴蝶处于一个具体氛围中，使观者能更加直观地感受到其中的意境。

三、以柱元素为主要素材的现代陶艺

在中国古汉语中，柱和楹基本同义。清段玉裁《说文解字注》谓："柱之言主也，屋之主也。按柱引申为支柱柱塞。不计纵横也。"《释名》有云："柱，住也。楹，亭也；亭亭然孤立，旁无所依也。"齐鲁读曰轻："轻，胜也。孤立独处，能胜任上重也。"可见，柱、楹是指竖向能支撑屋顶重量的构件。柱子是中国古代建筑中最主要的承重构件，而且多数为孤立独处，给人独立的视觉效果。它与人们的生活空间紧密融合，因而地位突出。古人称柱子为屋之主，并且赋予它很多美好的象征意义。由于柱子很受屋主的重视，因此往往会被精心保护，并加以华丽的装饰。常用的柱子的装饰有两种：一为彩绘；二为雕镂。彩绘由于方便、快捷、经济又容易出效果，成为应用最广的装饰手法。此外还有用琉璃、珠翠、锦绣、金玉等进行特殊装饰的，尽显奢华。纵观整个柱子的发展历史，其装饰基本上是从简到繁，又从繁到简。作为学院派现代陶艺的重要干将，黄焕义在创作中经常会用到许多现代元素，其中有一件很成功的作品《柱》（见图4-12）就是运用柱子为主要元素。

图4-12　黄焕义的作品《柱》

黄焕义的陶艺实验是全方位的。他在塑形、拼贴、综合釉面烧造和意义模式等方面都做了积极的探索。重新塑形既是黄焕义作品的开始，也是其作品的关键。从传统陶瓷造型的对称之美和现代主义陶艺造型的整体之美上，黄焕义机智地看到重新塑形的自然根据。在传统陶瓷和现代主义陶艺的审美理想和规范之下，压抑着难以计数的形式。传统的元素在黄老师的作品中被大量地运用，并赋予新意。而所有的形式最终和谐地融为一体，呈现一种全新的面貌。

本作品主体为西式罗马柱和中式的立柱。中式立柱的表面多为光滑的，饱满而

有张力。柱顶部的榫卯结构极其富有东方的智慧与特色。柱身木材质的龟裂纹理与质感耐人寻味。中式立柱的主体多不做雕饰，依据原有树干的体态，稍做打磨，保留其原生态的形式与质感和纹理，充分体现"天人合一"的理念。而西式立柱则多在柱身上刻有数道凹槽。整体上看，这些棱线使得柱身挺拔轻盈不显单调。在中式立柱的顶部放置一个西方人物头像雕刻，而西式立柱的顶部则放置一个东方风格的石狮，同时柱身的处理上各自有着对方元素的图案。这一切明示着东西方文化的交融。柱身上的传统元素如青花云水纹，现代元素如小汽车、可乐瓶、苹果等，则体现古今文化的汇合。黄焕义的作品显然受后现代艺术的影响，即在内容上不追求确定性，而追求意义的模糊性。各种元素符号都可以在作品中发出自己的声音，观者则可以从自己的想象、思维、兴趣中寻找自己所理解、所需要的意义。

四、以墙元素为主要素材的现代陶艺

墙是用砖石等砌成承架房顶或隔开内外的建筑物。墙是建筑物竖直方向的主要构件，起分隔、围护和承重等作用，还有隔热、保温、隔声等功能。

一般庭院的围墙，多用土造，或用石砌。园中之墙一般都在墙顶上进行艺术加工。传统的墙垣，全凭工匠雕成花草、禽鸟、神仙、怪兽，制作精巧。在众多围墙中龙墙最具艺术性和工艺特色。墙顶蜿蜒起伏，尽头飞檐做成龙头形式，仿佛龙盘墙头，生动大气。上海豫园的龙墙最为典型。粉墙上做出波浪形的五条墙脊，加上砖雕的龙头，栩栩如生。围墙有石头叠的，有砖头砌的；或爬满藤蔓，或配以花竹；有的在水边，有的在山旁，各依势而建。材料样式因地制宜，各不相同，但均雅致合时，令人赞赏。整个院子所有的安排都很好地突出了龙墙的主体地位。

一堵老墙一直是陶艺家许明香永恒不变的创作主题，她把对古墙的感情，全都融铸在陶艺作品中，并在莺歌陶博馆《香火里的记物微观》展出，把传统题材融入新的创意，表达出传统吉祥文化造型之美和文化内涵。

许明香不但把古厝作为创作主题，飞檐、斗拱、垂花、雀替、窗花等古厝元素，更是在她许多作品中随处可见。

其作品《古厝系列》（见图4-13）令人深深地怀想起早期我国台湾地区农业社会的生活情调。许明香以写实的雕塑技巧，将20世纪60年代以前我国台湾地区乡村的三合院古宅第真诚地表现出来，惟妙惟肖的砖墙、飞檐、花香、忙碌的禽鸟，引人进入时光隧道，沉醉于其中朴质、单纯的生命情怀当中。通过许明香精湛的写实技巧与空间布局的表现手法，我们可以很自然地从缅怀过去生活的想象中，体会生命的真实感动，重新唤醒内心深处的纯真和质朴之情。这股从作品中散发出来的安定心灵的力量，让我们可以在现实世界中重新出发。

图 4-13　许明香的作品《古厝系列》

散发着强烈的情感感染力是许明香作品的最大特点。她成功地运用陶土的可塑性作为陈述性表现，忠实地雕塑出凋零的传统建筑。在作品《古厝》（见图 4-14）中，一个门楼，两堵老墙。墙上斑驳的石灰已经部分脱落，露出墙内的红砖。墙角几株野草自在生长。不知名的草虫跳跃其中，与墙头的花鸟组成一幅热闹景象。虽然在平铺直叙之间没有奇想，也没有夸张的比喻，却引动人们感怀传统社会中的生命情怀。作品中的作者暂时隐没是为提高观者的心灵感受力，而审美的功能莫过于此。作者旨在通过表达情感和培育情感，实现艺术对生活的深远影响，达到模仿艺术生活的最崇高目标。

图 4-14　许明香的作品《古厝》

五、以砖元素为主要素材的现代陶艺

常见的砖有红砖和青砖。青砖是我国的一种传统建筑材料及装饰材料，历经数千年而不衰。青砖在不同的历史时期都参与创造人类文明，这使得它的文化内涵越发丰富。青砖在漫长的历史进程中衍生出多种艺术形式，有砖雕，有画像砖，还有各种不同形制和不同内涵的砖砌体建筑。它们结合了传统文化和传统工艺，是中国传统建筑艺术的重要组成部分，是中国的先民集体智慧的结晶。

　　青砖的优点首先体现在尺寸合宜。传统的青砖，大小适合用手抓取。所以，从一开始，先民们就对其尺寸、重量制定了一套严格的标准。砖的标准化也使建筑形成了一套严格有序的结构模式。青砖在给观者带来良好观感的同时，能让人联想起手工的味道，使观者感觉到质朴温馨。有许多当代建筑会有青砖的装饰。当然，这里青砖的尺寸不再是其传统使用尺寸，而是契合观者视觉的新尺寸。这些尺寸主要是为了配合特定的环境和风格而创作的，目的是更好地增强建筑内外环境的历史感和文化亲和力。

　　其次，青砖的质感带给人亲切感。所谓质感，即事物表面的纹理给触摸者、观看者带来的感觉。质感有两种：一种是自然质感；另一种是人工质感。青砖的质感介于两者之间。传统青砖具有自然的肌理和色泽。粗糙的表面有着自然形成的颗粒空隙。青砖在光线下，光影变幻，丰富细微，高光含蓄，因而极具魅力。在满足建筑对审美和使用需求的同时带给人们的是亲切、温和的感受。加之，它天然粗糙的表面更是让人感到一种不可名状的质朴。正因如此，许多建筑师和室内设计师在建筑空间中乐于使用青砖来增加建筑的田园自然气氛。这种特殊效果是金属、玻璃、塑料等现代技术生产的材料所无法达到的。

　　最后，青砖本身有很丰富的艺术表现力。青砖在烧制过程中因各种内外因素的影响，其表面会产生丰富多样、变化微妙的色泽肌理，天然充满着艺术表现力和文化内涵。而这正是设计师们对青砖爱不释手的主要原因之一。另外，青砖除了可以雕刻，还可以在砌筑的过程中因方式的不同带来多样化的造型，给建筑空间增添艺术效果。我们常常可见到室内外墙面上青砖组成的不同排列组合所带来的美妙的艺术效果。

　　在陶艺家陆斌的作品中常常可以见到砖的身影。陆斌作为 20 世纪 80 年代中期的大学生，经受了改革开放之后现代派艺术思潮的洗礼。那时，克莱夫·贝尔的名言"艺术是有意味的形式"成为艺术学子和艺术家们的信条，并影响到他们的艺术创作。陆斌在回顾自己这一时期的心路历程时写道："现代主义是强调美的，有意味的形式与材料本体语言的表现，这同陶艺的特性有着天然的契合。现代陶艺对于材料的关注以及材料在烧成过程中可控或偶发的变化，对于抽象形体变化的敏感，都使它便于与现代定义的审美理想获得沟通。"（陆斌：《石头记》）正是在这种对艺术、对陶艺的理解之下，他创作了《砖木结构》和《墙系列》等作品。

　　从二十余件《砖木结构》的系列作品来看，陆斌试图追求和表现的重点是陶的语言和结构本身，"砖木"只是结构和形式的表象。如《砖木结构》系列之第 17 ～ 21 件五件作品的组合，这些类似劳动工具的器物，创作者并不关心其是不是一种工具的镜像，而关注的是组成这种工具外形的结构形式，关注的是不同结构所展现的陶的语言和要素。其他《砖木结构》的系列作品都表现了这一共同的趋向和追求，即注重形式。在《砖木结构》（见图 4-15）之中，青砖的青灰色质朴内敛，形状简洁，方正饱满。简洁的颜色与造型一直是陆斌陶艺作品的鲜明特色。他善于用最简单的造型和色调获得强大的视觉冲击力。在这质朴的造型上，陆斌会做些细节。诸如砖面上的每一个孔洞好似石窟，在光影下显得神秘。作品体量虽小但气势较大。

图 4-15　陆斌的作品《砖木结构》

从陆斌的作品中，可以发现有着一种属于我们文化基因的东西。这使得他的作品天然地保持着中华传统文化的根性。特别是他的《砖木结构》系列，不仅在造型上有着很强的形式美感，而且从内涵上看具有浓厚的传统文化情结。他很善于使用砖这种带有民族文化的材料，通过表面雕刻和不同方式的排列组合砌筑来获得与民族建筑文化的沟通，并以此反证作品自身的文化身份。这种对于民族文化身份的不经意的强调意味着他对普遍主义的否定。

六、以木材元素为主要素材的现代陶艺

自古木材是中国传统建筑重要的材料之一。即使到了今天，木材料在现代生活的很多地方依然有着普遍的使用，其与当代建筑的关系依然密切。在多种人工材料流行的当代，木材料依然占据重要的地位，主要是由于以下几个方面：首先是经济因素。木材料成本低廉。这是由于一方面，它的分布广泛，这就节省了运输费；另一方面，它加工简便，能大大节省成本。其次，木材的纹理丰富，色泽天然，还带有自然的清香，这些都让人感到亲切。木材的肌理纹样多样丰富，在规律与秩序中变化多端。这种天然的美极具表现力。而且与人一样，木材也是自然界中的生命体，属性自然天成。并且，木材清新的气味有利于人体健康。最后，木材给人的整体感受是其他材质所无法比拟的。历经几千年的使用，木材已经深深地融入中国人的文化血脉中，与我们有着与生俱来的亲密感。在大量人工材料包围着的陌生环境中，木材能让人感到亲密而熟悉。

紫砂壶名家陆文霞就是一个仿木的顶级高手。学艺之初，陆文霞练就了扎实的基本功。她做的"工具箱壶""稚真箱壶""榔头""剪子"，几可乱真，颇具功力。陆文霞的一些作品，包括茶具，以及"仿真"作品等，反映生活情趣，无论是艺术构思，还是制作技艺，都令人叹为观止。

陆文霞的作品《壶》（见图 4-16）的壶身为一节方形的老木，简洁干净，纹理细腻。壶嘴犹如一段木楔嵌入这块老木中，衔接处真实自然。壶把则设计成由几段木片钉在一起。壶盖采用内嵌式隐于方木上，只露出一枚大号螺帽做的盖纽。木头苍老，纹理自然真实。正面、侧面、横截面的纹理之间衔接自然生动。再加上螺钉上锈迹斑驳，即使观者近距离观看也会以为是真木头和螺钉，作者的仿生功力可见一斑。

图 4-16　陆文霞的作品《壶》

七、以瓦元素为主要素材的现代陶艺

在瓦的种类中最具艺术性的当属瓦当。瓦当又称"瓦头"，是筒瓦顶端下垂的部分。瓦当的初始功能有二：一是防止筒瓦脱落；二是保护椽头免受风雨侵蚀，延长建筑的使用寿命。后来，瓦当增加了装饰功能。很早人们就意识到瓦当整齐规律的排列能带来美感，瓦当上还可以增加各种各样的纹饰，使之更加具有装饰性，也更有内涵。所以，自古瓦当就是实用工艺与审美艺术的有机结合体，而不仅仅是一块简单的陶片。

瓦当最早见于西周中晚期。到汉代，瓦当达到了鼎盛。其形式极其丰富多样，工艺也极为精湛。瓦当造型质朴，形式多样，纹饰优美，同时充满历史沧桑感，让人充满联想，构成了一道独特的美学风景。瓦当不仅有实用功能、艺术审美价值，还有着很高的历史、文化价值。它的形制纹饰的内容蕴含着古代先民的人生观、世界观。这些纹样形制的寓意真实地反映出居住者的理想、愿望，同时反映出不同时代的文化习俗。

笔者在现代陶艺《故乡的云》中尝试运用了瓦。《故乡的云》（见图 4-17）在设计之初想表现以瓦当为主题。作品依然是以徽派建筑为基本型，考虑到若瓦当纹理在它本来的位置上，则因比例关系根本无法看清，更别提突出了。所以将瓦当纹移到主体墙面上，并将之放大到适当的大小。瓦当纹图则采用最具代表性的青龙、白虎、朱雀、玄武。具体手法上，采用堆雕加上色剂着色，既有立体感，又有平面的虚实对比。整体上追求常见的瓦当纹拓片的效果。作品极力营造瓦当的历史神秘感。四神兽均昂首挺胸，动态矫健生动，成为整套作品中的点睛之笔。

图 4-17　王饶伟（笔者）作品《故乡的云》

　　建筑元素在现代陶艺中的运用例子不胜枚举。这些建筑元素在现代陶艺作品中变化丰富，运用灵活，给现代陶艺带来多样的面貌。而且，有的陶艺家在运用建筑元素时，往往不仅仅运用单一元素，而是同时运用两个或多个建筑元素，以期获得更好的效果，在此不一一列举。

第五章　徽派建筑瓦当元素在现代建筑陶瓷中的应用

第一节　瓦当的起源与发展

一、瓦当的起源

在研究徽州地区瓦当之前，我们需要先了解一下瓦当产生、发展的源头，以便深入地理解徽州地区瓦当的历史感。瓦当，可以从字面分别进行解释。"瓦"，古书《说文》中写道："土器已烧之总名。象形也。"段玉裁解释为："凡土器未烧之素谓之坯，已烧谓之瓦。"由此可以得出瓦是陶烧制后的产物。"当"解释为"当，底也，瓦覆檐际者，正当众瓦之底，又节比于檐端，瓦瓦相盾，故有当名"。因此，瓦当的名称由来和它在建筑上的位置密切相关。

瓦因为材质的不同会有很多种分类，最为出名的是陶瓦、琉璃瓦和瓦当。瓦当是筒瓦下端附带的圆形或半圆形盖头瓦，它是防止瓦片跌落的一个屏障。瓦当的主要功能是防止雨水侵蚀建筑屋顶，固定屋瓦，保护屋檐。除了实用性之外，瓦当的图案纹饰布置精心、相应对称，在限定的范围内表达劳动人民美好的祝愿与希望。早期的瓦当是没有颜色的灰暗陶制品，统一的瓦当类别在屋檐上串联成一组灰色的"项链"，它们既不华丽，也不细致，但是它们的组合展现了建筑的整体美感。

瓦当从产生到发展，首先体现了中国古建筑的发展，从开始石器时代的山洞居住到后来土木建筑的出现，人们考虑建筑从实用到审美上的变化。其次，在人类稳定生活后，人们开始追求工艺上的美感，陶器与西周青铜器纹饰是瓦当形式美的基础。最后是手工艺技术的发展，这是瓦当可以发展的条件。人们总说建筑是凝固的音乐，那么瓦当就成了五线谱上的串联音乐符号。瓦当被安装在屋檐之上，它的美是需要人们抬头去欣赏的，这些瓦当展现的是中国人无与伦比的审美气质，折射出古人别具一格的审美。

瓦当与陶器有着密切的关系，因其是陶艺制品。早期的制陶工艺技术水平发达也为瓦当的出现和使用提供了前提，瓦当的产生是建立在当时制陶技术基础之上的。陶器经历了产生、发展到盛行的历史，就如整个中国的发展史。无论陶器的产生是何种原因，其中最不可缺少的原因是适应人类的现实生活需求。早期的土陶制品到后来彩陶的发展，像瓦当从青瓦到后来琉璃瓦和金属瓦的发展。彩陶是中国原始艺术的一个高峰，它的纹饰对青铜器的纹饰具有深远影响，它从没有舍弃过圆形的形制。瓦当的纹饰也是根据圆形空间进行布局、刻画、书写，充分体现了古人对"圆"的审美特征。

质朴稳定、形式多变的瓦当，构成了徽州建筑屋顶的美学风景线，这些充满历史感又具有自身特色的瓦当不断地激起人们的联想与创新。身处 21 世纪的我们，要想获得瓦当艺术鉴赏价值，还原、调查、理解徽州瓦当的审美意识是第一要务。

二、瓦当装饰纹样的发展

随着历史的发展与演变，人们对瓦当的欣赏层次从初级到高级，从粗糙到复杂。它是中国建筑发展到一定历史时期的产物，与古建筑相辅相成。要了解徽州建筑瓦当构建的纹样与装饰，首先需要了解瓦当发展的过程。

在中国古代的早期旧石器时代，考古学家发现原始时期的先民居住在天然山洞，这种天然住宅没有人为的外在造型，只是将内部进行了基本的生活设施布置，是纯粹用来遮风避雨和防止野兽攻击的空间。到了新石器时代，中国划分为南北方区域，建筑文化产生了区别，南方建筑主要是木栏杆为主，北方的房屋则是木骨架构，用草和泥混合来做屋顶。新石器时代的建筑已经出现土木构造。土木结构是后期瓦当出现的基础。新石器时代后期，人们的文明开始出现一个过渡，中国开始出现不同功能的空间组合。

通过目前的考古资料可知，瓦屋的出现促使了瓦的诞生和使用。陕西地区早期出现的瓦是对陶器的总称，后来成了屋顶构件的专有名词。瓦被分为两种：筒瓦与板瓦，瓦当就是筒瓦的瓦头。"瓦"到西周中后期有了遮蔽风雨的作用，这才有了瓦当的使用。最早发掘的瓦当出土于陕西岐山凤雏村和扶风召陈村，从这些出土的瓦当可以发现，西周时期的瓦当纹样（见图 5-1）质朴简单，用早期朴素的审美装饰屋檐。西周是屋檐瓦当起源的探索时期，这个时期主要的纹样是素面无花纹和饰有重花纹图案纹样。考古资料显示瓦当最早出现在西周的宫殿建筑遗址上。

图 5-1　西周重环纹半瓦当

春秋战国时期，在这种社会环境下，地域特色的瓦当最为突出。城市建筑开始注重建筑的整体美感，瓦当造型与题材开始出现活跃的状态，瓦当的主要纹饰是兽面纹。瓦当的形状也从单一的半圆形演变出圆形瓦当。这个时期最具代表性的瓦当是燕国瓦当，是现在的河北、北京和辽宁西南地区，燕国偏好饕餮纹样（见图5-2），这是因为受到了青铜器的影响。

图5-2 燕国饕餮纹瓦当

秦朝瓦当突破了以往严谨的几何纹样，取材源于自然环境和生活状态，体现了人们欣欣向荣的生活态度。瓦当作为装饰的建筑材料，被广泛使用和生产。历史遗留下来的秦朝瓦当（见图5-3）数量最多，秦瓦的纹饰主要为动物纹、植物纹、葵纹、云纹等，还有周边的少数地区的树纹与山云纹等。

图5-3 秦朝瓦当

汉朝的瓦当（见图5-4）继承了秦朝的优秀特质，且瓦当的艺术性与使用的普遍性都达到了极盛。文字瓦当和"四神"瓦当的出现是瓦当发展的第二个高峰，文字瓦当运用直白的辞藻来表达人们的思想与态度，图案纹样最具有代表性的是"四神"纹样，分别为青龙、白虎、朱雀和玄武，龙纹纹饰在这个时期出现也较多。

图5-4 汉朝瓦当

魏晋时期，在瓦当纹样方面，文字瓦当骤减，文字主要是"富贵万岁"字样。早期瓦当以云纹纹样为主，晚期流行以莲花纹和兽面纹为主的屋顶瓦当纹样（见图5-5）。

图 5-5　魏晋时期瓦当

　　唐朝，大部分瓦当以莲花纹样为主，不过莲花纹的纹样丰富多样（见图 5-6）。全国各地出土的瓦当都是相对一致的，绝大部分的莲花纹为联珠纹，莲花瓣数有单数有复数，瓦当均为圆形。莲花纹无疑成了唐代极具流行的建筑装饰纹样，材料主要以泥陶为主。从瓦当的出土可以了解到，隋唐时期的瓦当基本上在宫殿、庙宇建筑中使用，一般的建筑可能没有使用瓦当的权利。琉璃瓦在这个时期也开始出现，琉璃瓦的抗风能力和耐腐蚀性要好于一般的瓦当。

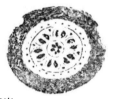

图 5-6　唐朝瓦当

　　宋朝瓦当的装饰功能逐渐退化，长江以北流行兽面纹，以南流行植物纹。宋代出现了小作坊的制作，人们开始将注意力转移到门窗、栏杆与空间内部装饰的精美上面，瓦当的功能开始退化。瓦当题材中莲花图案大量减少，兽面纹成了主流（见图 5-7）。彼时瓦当虽然在全国使用普遍，但是创作的范围比较狭小，基本以圆形外框为主。

图 5-7　宋朝兽面纹瓦当

　　明朝遵循着宋朝的规制，明朝的琉璃瓦当和滴水的样式、纹样均来自《营造法式》。明清的建筑以彩色琉璃瓦当为主，徽州地区的瓦当则是素色青瓦，相较于北方的色彩艳丽，徽州则是优雅的水墨画。清代的琉璃瓦勾头与滴水常用龙纹，凤纹较为少见。徽州地区的瓦当主要是以兽面纹与植物纹为主。

　　瓦当的发展历史可以概括为人类从物质生活向精神生活追求的历程，是一部简明的人类发展史。瓦当纹样从先秦简单的山水走兽到明清丰富的图案色彩，表现了不同时代人们对生活的向往。从单一的建筑防水功能到丰富多彩的艺术风格，其研究价值已远远高于其使用价值。瓦当纹样所表现出的是艺术的精华部分，凝聚着古代劳动人民对艺术的追求以及对美好生活的向往。瓦当通过不断的传承和发展，一定能够在现代建筑设计中绽放其特有的光彩。

瓦当在现代建筑的运用主要体现在古建筑的保护、翻新以及新建古建的构造上面，在一些自然山水的庭院里，瓦当作为一种装饰性的小品被展示。瓦当未来的发展主要为提取瓦当纹样运用在建筑装饰、设计包装、服装设计以及现代标志小品的设计上面。古代人民将瓦当用于建筑细节上，使其能够在发挥实际效用的同时兼顾艺术性，体现了古代劳动人民的智慧，而当前瓦当的发展迎来了新的局面，人们通过将瓦当艺术和现代设计相结合，使得传统文化再一次展现出其应有的光辉。

第二节　徽派瓦当的发展

徽州地区主要包括下属的黟县、歙县、休宁、祁门、绩溪和婺源六县，这几个县的民居建筑非常具有代表性，也是古徽州保留最好的区域，它们的代表装饰都具有很高的学术价值。徽州文化形成的原因，在于它独有的地域特点和人文环境的背景，也在于它宗教理法和商儒重心的地域文化特色。徽州文化取得辉煌成就的原因可能并不在于某一特定因素，而是由当地的历史传统、道德动力、社会结构、徽州文化素质及机遇应变能力等众多因素合力铸就的结果。

一、徽州古建筑装饰的特点

徽派建筑的房屋布局主要包括民宅、祠堂、牌坊、桥、亭等单体建筑，并通过这些单体建筑的组合构成村落。作为硬山屋顶的徽州建筑，从单体建筑来看，房屋整体顺应了中国对称的格局，以天井作为房屋分割的节点，整体建筑明暗相间、错落有致。徽州以村落布局为主，建筑呈现块状分布，依山傍水是徽州建筑的环境特色。徽州建筑注重对于自然环境的合理利用，可以说是顺应自然或者是依附自然。其中具有代表性的村落是宏村，在那里可以看见人与自然的和谐共生。宏村自宋代开始形成村落，从明代开始进行人工环境的打造。明朝时期供水、引水、流通和消防，在不断改造下，宏村形成一个以"牛"字形分布的生态村，人工环境与原始的山水融为一体。

徽州民居大多是砖墙结构，以木梁架和方砖铺地。徽州建筑的外观最吸引人的就是马头墙造型，马头墙既节约了建筑材料，又让山墙错落有致。马头墙在满足实用功能的前提下，冲破了单调的墙面线条，增加了建筑的外观美感。

在徽州人眼中，马头墙成为人们美好祈愿、节节升高的象征。马头墙虽然不仅仅出现在徽州，但是像徽州建筑这样密集，并以马头墙外形为主旋律的建筑效果，在其他地区的民居中是少见的。徽州建筑不像皇家、官府的建筑那样浓墨重彩，很大程度体现的是匠人的工艺手段，比如对建筑细部、构件进行的艺术加工。人们经常把古民居、祠堂和牌坊称为"徽州古建三绝"，"三绝"体现的细节就是徽州的"三雕"艺术。祠堂在村中居中位置，高于周边民居，整体庄严肃穆，体现宗法制度的权威与神秘。牌坊作为单体建筑，是封建礼教下人们对于功德表彰的一种纪念性建筑。

徽州建筑整体的色调是黑、白、灰（见图5-8），在青山绿水间显出水墨画的质感与美感。徽州多山的地理环境使得居民用地紧张，徽州人只能通过缩短建筑间的距离来节约用地面积，近距离的建筑就需要解决防火、防盗的问题。从外形上看，徽州的古民居都以高墙围护，增加了居住的私密性，山墙以风火墙来防火，造型多样。高墙以白色为主色调，门楼和花窗又以灰砖或青石为主，展现了从整体到局部的细节美。

图 5-8　徽州古民居

踏进徽州民居，会发现门楼雕饰细致。徽州人对于门楼的重视程度不低于其他的建筑装饰构件。在徽州人心中，门是外人最先看见的地方，人们会尽力让门楼显得奢华。进入门楼内，家中的内门则相应朴素。徽州建筑给人们的印象是朴素的外表，瓦当就体现了朴素之美。踏入房屋，内部装饰又精巧细致。从建筑的审美角度看，徽州建筑装饰的构件体现了多元化的文化趣味，图案更多的是传统吉祥纹样，或者用特定的方式将特定的图案进行组合，这些装饰体现了徽州人内心的美好愿望。可以说，徽州地区的装饰美体现的是局部装饰手法的艺术美。

二、徽州瓦当的发展

在明清时期，徽商发展达到鼎盛。经济繁荣的同时，人们开始进行建筑的精神建设，而明清之前的徽州建筑研究相对薄弱。从徽州的历史资料可以看出，徽州地区早在汉朝就开始接受北方中原文化的影响，比如使用以木质构架为主的建筑框架。徽州的瓦当元素也随着文化的融合受到中原传统瓦当发展的影响。

　　徽州建筑在中国传统建筑中自成一派，不同时期的徽州建筑在继承传统的基础上，又形成新的时代风格特征。建筑装饰的表现形式以木雕、砖雕和石雕为主，其间都蕴含了人们的美好寓意。瓦当虽然在居民建筑装饰中没有占主要地位，但也从另一个层面表现了徽州文化的艺术手法。《工程做法则例》中提到，屋顶的瓦分为大式和小式两类。大式瓦的特点是用筒瓦骑缝，脊上有特殊脊瓦，材料可用青瓦和琉璃瓦。小式瓦则没有吻兽等装饰构件，但是多用板瓦，材料只用青瓦。可以看出，徽州地区多为小式瓦（见图5-9）。由于徽州使用小式瓦的做法，用同样的板瓦凹面向下覆盖，沟的最后一块是滴水，并且延伸。覆在陇缝上的筒瓦，最下一块有圆形封头，即为瓦当，在滴水、瓦当处卷起的瓦是花边瓦。

图5-9　徽州宏村屋面铺设的小式瓦

　　瓦当组合主要分为瓦当当面和滴水瓦。笔者在徽州附近的湖州南浔古镇实地调查发现，当地主要的瓦当以花边和滴水组成（见图5-10）。

图5-10　湖州南浔古镇的屋瓦

第三节　徽派瓦当的装饰艺术

建筑装饰是在符合建筑功能的基础上繁衍的附属构件。随着人类文明的进步和提升，建筑也从发展走向成熟，人们开始关注美观性，并于建筑发展的过程中，不断发现并形成了一套比较完整的装饰体系。建筑装饰是通过建筑空间来表现的，细节处的美化也能在不同的构件装饰上体现建筑工匠的设计想法和精神状态。建筑装饰构件上不同的纹样和图案，不仅能反映出一个时期的社会文化特点，也能反映出民族的文化精神，是中国传统纹样造型艺术的综合体现。

中国的建筑装饰受传统的文化思想影响深远。如今的各种设计中，人们依然喜欢用传统纹样进行演变。古代的建筑装饰将具有特殊象征意义的文化元素巧妙地运用在装饰中，让建筑构件的装饰元素最大限度地丰富起来，逐渐形成了具有地域特色的中国传统建筑的装饰元素。瓦当作为一种以平面表现为主的建筑构件，具有明显的中国传统建筑特色。其装饰不仅仅是平面的设计，也蕴含和支撑了建筑的整体装饰效果。

一、徽州瓦当装饰工艺的分类与特征

瓦当装饰的出现受到建筑屋面的影响，早期屋面的材料主要是芦苇、草拌泥、毡布、树皮等，其中最常见的是瓦。瓦与瓦当在春秋时期开始普遍使用。明清时期是徽商的发展时期，社会经济的繁荣也带来徽州民宅装饰的兴盛。当我国的封建社会开始进入后期并逐渐没落时，瓦当的纹样也开始固化。探索传统纹样的现代化，从这个角度出发，我们可以发挥徽州瓦当元素中纹样装饰更深远的价值。

（一）徽州瓦当的材质

随着中国建筑历史的发展，历经时代审美意识变化，形成了三种材质的瓦当，分别是灰陶瓦当、琉璃瓦当和金属瓦当。

1.灰陶瓦当

制瓦技术和瓦的应用，是由人们当时的制陶工艺与建筑的需求相结合，逐步演化发展而成的。从西周到明清的建筑中，灰陶瓦都是主要的建筑构件。徽州地区的瓦当也以灰色陶瓦为主。灰陶瓦是不上釉的青瓦，它是瓦件中最为普通的一种。青瓦也是徽州地区主要屋瓦的表现形式。

火的使用让人们告别原始印记，火的使用也促使人们开始制作陶器。传说黄帝担任部落联盟的首领时期总是发洪水，人们只能去山上居住。那时候人们去山下取水，但是没有合适的盛水用具：木头制作的桶容易漏水，泥石做的罐子容易破裂。有个叫宁封的人，在一次烤肉的时候，从火烧过的灰烬里面发现一块硬泥，他由此领悟到用火烧的办法可以增加泥土的硬度。于是，他开始试验用火烧泥形成容器的方法。经过不断试验，发现选用富有黏性的土更容易成坯。他将烧制出来的容器叫作"陶"，然后把陶的制作方法传授给了千家万户。

据目前公布的材料，"原始瓷器的主要生产区域在我国江南地区"。有考古学家认为，中原地区的釉陶是江南地区作为商品输入的。《新安志》中记载，从江南出土的原始瓷器，没有一个地方有屯溪西周墓出土的原始瓷器这样"既系统、又完整"的。制陶工艺的发展为瓦的出现做了前期准备。

经过一系列的经验积累，瓦的使用规模开始扩大化。瓦的制作流程主要是先制作出圆形瓦头，用泥土加清水做成泥浆，然后在上面以泥条盘筑成圆筒状，类似于水桶的样子，成型之后再用细绳割成两半。当面的纹样是全瓦完成后手工刻绘或者雕塑而成。在切割的过程中，四剖或者六剖做成的青瓦称为板瓦，从中间对剖的叫作筒瓦。普通的徽州建筑覆盖的瓦片都是青瓦。

在瓦的制作过程中会使用"范"，在商周时代"范"的使用还不是很普及，但其在铸造青铜器上已经有非常精彩的使用了。"范"是铸造金属器物的空腔器（浇筑模），陶范是用经过筛选的黏土和沙制成的，高温焙烧后接近陶质，陶范就是浇铸器物的模具。中国由于地域宽广，土质各有不同，导致了烧制的陶瓦有些不同，也形成了不同地域的建筑特色。

陶土瓦在建筑屋顶上的应用各有不同。弧形片状的板瓦在筒瓦屋面常作为瓦底，盖瓦则是以半圆形筒瓦为主。筒瓦在建筑中主要应用于宫殿、庙宇和王府这些封建等级高的地方，以及休闲观赏的凉亭、牌楼等屋顶上，规模小的建筑不可以使用大的筒瓦，在合瓦屋顶盛行的建筑中，采用板瓦为基底，底和盖瓦的一正一反排列，地域不同对这种瓦铺设叫法不同，北方叫作"阴阳瓦"，南方叫作"蝴蝶瓦"。合瓦主要应用在小式建筑，北方的北京、河北地区的民宅广泛使用合瓦。大式建筑则不适用合瓦。

2. 琉璃瓦当

琉璃瓦是在陶瓦表面施彩色釉的一种瓦，又称缥瓦。琉璃在战国时期产生，但是当时没有出现琉璃瓦。明代是琉璃瓦发展的成熟时期，色釉出现了孔雀蓝和茄皮紫。明清两代广泛生产琉璃瓦，并被广泛应用在官式建筑身上。琉璃瓦主要有黄色、黑色、绿色、蓝色等。

琉璃瓦在古代建筑屋顶上应用有严格的规格。首先，不同颜色的琉璃瓦在建筑上遵循封建礼教的等级要求，特别是在思想开始固化的清朝更加严谨。黄色作为皇家专用颜色，只有宫殿和庙宇才可以使用黄色琉璃瓦或黄色剪边，但是帝王准许孔子庙也可以使用黄色琉璃瓦，这是封建统治者对于儒学的尊重。排在黄色之后的是绿色，用于亲王、世子等级的建筑物屋顶。皇家园林的亭台楼阁则可以使用其他几种颜色的琉璃瓦。其次，只有等级较高的宫殿和庙宇才可以使用琉璃瓦，普通百姓的建筑屋顶不可以使用琉璃瓦。

各种色彩的琉璃瓦覆盖在建筑屋顶上，使建筑显得绚丽多彩，雄伟壮观，在阳光的照耀下烁烁放光，显示出富丽气派。琉璃瓦又能耐高温，因为上了一层釉，防雨的能力更强，而且颜色明艳不易掉色。所以，琉璃瓦是瓦当中最高级的一种，是其余的瓦的材料无法比拟的。

3. 金属瓦当

宋明清时期开始出现金属瓦当，但使用的范围不是很广泛。《旧唐书》中记载有"五台山有金阁寺，铸铜为瓦，涂金于上，照耀山谷"等。金瓦不是说瓦是用金子做的，而是在铜片上包赤金瓦，做成鱼鳞状，钉在建筑的屋顶板上。

（二）徽州瓦当形制分类

瓦当分为半圆形、圆形和大半圆形，从早期考古学者的出土事物来看，瓦当多是半圆形瓦当，纹样的构图主要为散点的方式。

早期人们没有装饰审美的意识，当时它的主要作用是避雨防水的形制，纹样整体古朴自然、形制简单。秦朝的瓦当主要是圆形瓦当和半圆形瓦当，在徽州地区仍然保留着古越文化，但是秦朝已经开始对徽州加强管理，加强中原文化的宣传。中原文化在一定程度上影响了徽州，从歙县出土的东汉残砖刻有"永建""永和""永寿"的年号可以表明当时歙县、黟县的日常生活，开始有中央政权的治理印记。

魏晋南北朝时期的瓦当以圆形形制为主，当时开始出现莲花纹样的瓦当。朱良志先生在《中国艺术的生命精神》一书中指出："艺术生命生于圆，而归于圆，并在圆中自在兴现，由此"圆"成一圆的生命世界。"[①] 圆形成了中国艺术之美，瓦当也开始广泛使用圆形形制。

徽州的瓦当在形制上保留了圆形和有弧度圆形的式样。明清时期的瓦当实现了规范化。这些形制的瓦当成了我们经常可以看见的样子，这种弧线表现出一种流动性的美和圆润的情感，它们是造型纹样的背景，为了更好地衬托纹饰造型。

（三）徽州瓦当装饰分类

瓦当在历史上按照装饰分为三种类型，分别是图像瓦当、图案瓦当和文字瓦当。它们出现的年代各有不同，最早被考古学家发现的西周时期素面纹图案，初期的素面纹很简单，但是能展现古人对于美的直观感受，个别有重环纹半瓦当，从西周时期的

---

① 朱良志：《中国艺术的生命精神》，安徽教育出版社 2006 年版。

遗址中可以了解到当时建筑类型多种多样，规模各不相同。

图像瓦当的装饰特点是以写实性为主，常见的图像有树、鸟、兽、人物等，这些图案的来源都是现实生活，又有相应的象征意义。图案瓦当是古人对自然界中崇拜的物象进行抽象变形，通过寻找共性来发现规律处理纹样。图案瓦当主要以云纹、葵纹等为主要构图体。文字瓦当利用中国汉字的笔法特征，结合纹饰和文字组合，让文字瓦当装饰形成新的美感。

从纵向的时间轴看，春秋时期图像瓦当的主要纹样是兽面纹，后来向图案瓦当卷云纹发展。战国时期各国的瓦当又具有地方特色，其中秦都的动物纹最为出名。汉代时期瓦当题材相当丰富，但最受人们钟爱的是动物纹和文字纹，文字瓦当能够简单明了地表达建筑屋主的想法。南北朝到唐代，半圆形瓦当开始消失，主要以圆形或者文字瓦当为主。圆形瓦当中植物纹样以莲花纹样为主，文字瓦当则以"万岁富贵"的祝福词汇构成。辽宋时期文字瓦当开始减少，兽面纹开始取代莲花纹样，从北方开始传播到南方地区，延续到了明清时期。明代的瓦当以花纹、龙凤纹为主，但是一般的民宅不使用筒瓦。清代开始北方凤纹也开始少见，主要以龙纹为主。

中国的传统瓦当纹样发展漫长而曲折，不仅是本民族风格的变化，也会受到外来风格影响，这为中国传统瓦当元素增加了新鲜元素。徽州地区瓦当装饰将三种形式有效地结合，以兽面纹为主图，会在周围应用文字或者吉祥纹样来配合。在中国的传统装饰中，植物的仿生纹样与动物的兽面纹样一直是装饰主流，体现了人希望与自然和谐共生的想法。

（四）徽州装饰的传统表现形式

1. 象征与比拟

从局部的瓦当装饰到建筑总体都离不开形象塑造，在艺术类型中瓦当就是屋檐的造型艺术表现之一，因而形象比拟是瓦当乃至建筑装饰应用广泛的一种方法。龙既是中华民族的图腾，又是封建帝王的象征，在宫殿建筑上，龙成了最主要的装饰主题；在民间建筑上，龙又是神圣与吉祥的寓意。

植物形象的象征更加广泛。莲花在装饰中不断出现不仅是因为姿态之美，更由于人们寄予莲花的内在思想品质。在中国长期的封建社会中，人们希望洁身自好，保持自身的风骨节气，而莲花根在淤泥中，花却清新脱俗，这种生态特质正是古人所倡导和推崇的道德。

2. 谐音比喻

在瓦当的应用象征手法中，常有借助于主题名称的同音字来表达人们的思想内容。这是一种"谐音比拟"，这可能也是随中国语言文字而产生的一种现象。徽州的建筑中有很多细节都有蝙蝠，因为它的名字与"遍福"谐音，人们追求的福、禄、寿、喜中，福占首位，而且遍地是福，这正是人之所求。于是我们在徽州的门板上可以看见蝙蝠围着"寿"字，来表示"五福捧寿"；窗户条格上用蝙蝠做棂花；梁枋上可见蝙蝠衔着铜钱象征福禄双喜的图案。在工匠的美化下，蝙蝠代表着人们的美好愿望。植物纹的谐音最多的是莲荷，它有"年""连"，又有"和""合"，有连绵不断、和谐美好之意。

3. 形象的程式化

在古代中国装饰中，程式化的形象出现得很早。早期的瓦当大量使用各种动物装饰，除了龙、凤这类神兽外，虎、豹、鹿等皆为自然山林中常见的动物，在瓦当的图形形象上被简化了，都成了一个平面的侧面出现在瓦当上，但是经过工匠的细心观察和创作，剪影式的虎和豹仍表现出凶猛的神态。

徽州瓦当的动物图案主要是老虎，这些老虎在细节上富有变化。老虎是山林中的猛兽，性格凶猛，古人很早就将老虎作为力量的象征，用它来做保护神，所以老虎的形象在人们的传统生活中存在于各个方面。初生婴儿要穿绣有老虎的肚兜，穿虎头鞋，睡虎头枕，还有虎形玩具，人们盼望自己的孩子可以"虎头虎脑"，像老虎一样强壮。由此可以知道，这些虎更多地融入了人们的生活，在中华大地上形成特有的虎文化。

二、徽州瓦当装饰主要纹样

从目前的研究可以看出，和"徽州三雕"相比较，瓦当在徽州地区没有种类繁多的样式。徽州瓦当主要的装饰纹样以某些特定的动物、植物图形为主，经过一定的程式化变为一种特定式样，转变成了各种图形符号。这也让装饰更加便利，形象和质量都有保证。

传统瓦当上的装饰图形已经有上千年的历史，它承载了古人洗净铅华的生活经验和思想理念，同时表达着人们对于美好生活的憧憬和向往。瓦当装饰图案借鉴了中国历代传统装饰图案。在这个基础上，历代匠人经过创作与继承，将传统的儒家思想及各地区的人文风情融入其中，以纹样符号化的象征语言祈求吉祥、宣扬教化。从视觉上给予居民瓦当构件的审美价值，古代匠人强调建筑屋顶装饰艺术的同时，还需要提高居住空间的环境和人文价值。徽州地区瓦当主要的纹样分为兽面纹、植物纹和汉字吉祥纹。

（一）兽面纹

徽州瓦当纹样从原始社会就已出现，早期使用的青铜器还是礼器。商周时期，在青铜器身上开始铸有兽面纹，这是社会发展的萌芽时期，许多的思想、制度和礼仪都处于探索阶段，统治者意图树立绝对权威，早期的兽面纹本质上是统治者思想意识的影子，同时又保存着动物的特征，让人们由神秘感而心生畏惧。商代以后，兽面纹开始在寻常生活中出现，春秋战国时期的兽面纹从青铜器上演化到瓦当上面，兽面纹开始向装饰性转变。宋代兽面纹更是大量使用在瓦当上，且一直延续至今。

北方最具有代表性的兽面纹是汉代的"四神"瓦当：青龙、白虎、朱雀、玄武。青龙是古代的龙纹瓦当，龙纹瓦当在历史发展中也是保留最多的纹饰。青龙又被称为"苍龙"，是古代神话故事中的"东方之神"。从汉代开始，龙就被确认为皇帝的象征，它代表着皇权。朱雀形似凤凰，但它又不是凤凰，它比凤凰更加稀有。它代表的是南方的神兽，在古代传说中它的影响不低于龙。白虎代表着西方，虎是游牧民族的图腾。玄武是龟和蛇两种动物结合的纹样，龟代表长寿，蛇则是龙的基本构成之一。"四神"瓦当代表了四个不同的方位，它们也是不同民族之间融合的产物，反映了不同民族的图腾崇拜。

辽宋元时期，兽面纹瓦当广泛使用并得到流行，在这个时期也被彻底固定下来。明清时期的兽面纹展现了广泛的生活化色彩，在民间美术的装饰中绽放光彩，主要是作为普通的民居纹样出现在生活中，形式各有微小变化，内容贴近生活，体现了人们对美好生活的追求与向往。

兽面纹具有自身的独特震慑品格，它也是动物头部美术化的表现（见图5-11）。兽面纹是将多种野兽的特征加以提取特点、综合共同点，再夸张元素、造型变形和简化描述，进而创作出的。兽面纹强调的是神似而非形似，提取了羊、虎、熊、龙、凤等多种动物的特征，不能单纯地看出某一种动物样式，形象生动。

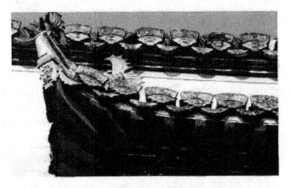

图5-11　宏村门楼瓦当

徽州地区的动物纹样主要以白虎的形象为主，从瓦当的中间"王"可以看出来老虎的纹样，还有其他的吉祥动物（见图5-12）。笔者将同样的兽面纹瓦当通过分类发现，兽面纹的广泛应用源于古代人民的图腾崇拜，他们通过发现动物自然形体的特征规律，展现生存所需与动物间相互依赖的关系。早期的动物纹样主要是自然形体的抽象描绘，随着审美的发展，后世对动物的表现侧重于形体写实，通过类比及间接的隐喻象征，借助动物来传递祈求安康的吉祥祝愿。

图 5-12 黄山市附近村落部分兽面纹瓦当

（二）植物纹

植物纹作为较早出现的中国传统纹饰之一，在早期的陶器和青铜器身上可以发现它们的纹样。在古代农耕社会，农业始终是国家的稳定基础。农耕生活与土地关系紧密，人们想逃离社会，在一个安逸的"桃花源"生活，徽州地区在一定程度上就是中原地区的人们为了寻找世外桃源而定居的地方。农耕文化表现出来的是不一定富有，但是精神上有安全感。植物纹样在古代徽州建筑中的地位很重要。明清时期徽州建筑的瓦当风格更加统一（见图 5-13）。

图 5-13 宏村祠堂瓦当

徽州地区的瓦当经过历史的演变，植物纹样体现了地方性文化和全国整体融合。徽州的植物纹样有莲花、菊花和梅花纹样等。植物纹样的出现从另一个侧面展现了人们思想意识的觉醒，体现了人们对自我认识的追求。人们在欣赏自然的时候，开始追寻自我生活的精神状态。人们开始把自己放在第一位的时候，就会将自然放在辅助位置，形成人类的思维模式。

莲花是中国古代装饰纹样的传统纹饰，是常用的图案之一。莲花纹代表了人们的美好祝愿。古代的瓦当呈现的莲花纹样都是自然盛开的样式，用写实的手法刻画现实生活中的莲花，展现出强烈的生命力，凸显了莲花的自然美感。莲花花瓣多以复数布局，对称展开花瓣。

徽州地区的莲花纹造型是古代自然崇拜的延续之一，它有一定的历史意义。首先，佛教文化的盛行让人们对莲花纹样产生了崇拜之感。无论是纹饰上还是艺术手法上都是以莲花形象作为创作源泉，赋予了莲花纹一定的文化和宗教内涵。其次，莲花纹因为内在价值和独特的审美性，在民间也得到了广泛使用。

徽州滴水瓦有宝相花纹样。徽州地区的宝相花纹样为侧卷瓣，是四瓣花造型，从中心向四周散开。

徽州植物纹样主要包括梅花、菊花、牡丹、海棠、水仙、石榴、葫芦、莲花等。徽民常在自家的瓦当上装饰梅花、莲花、兰花等图形（见图5-14），表达主人对君子之道的向往和追求。

图 5-14　宏村屋檐植物纹局部

（三）汉字吉祥纹

汉字是中国特有的抽象性图案，因为它的图案特征让汉字形式变化多样，为汉字的创意性创造了条件。汉字中有吉祥意义的文字经常被使用，转变成有意义、有价值的图形。吉祥文字以"福、寿、禄"等长寿平安的字体应用在生活艺术中，但是这些文字不是单纯的布局，许多吉祥文字与植物纹或者动物纹样结合，从而形成一个新的吉祥画面。

徽州地区瓦当的主要文字为"寿"字，字形长的是长寿，圆形的为圆寿。"寿"字在西周早期开始出现，称为金文。随着中国字体的演变，"寿"字开始发生变化，从刚开始的繁体"壽"字，到后期的长寿组在一起，都表达了人们希望长寿健康的愿望。

中国人在生活中，从未放弃过对长寿的期盼，只要是与这个字组合的词语，都表达了对生命的渴望。这种现象遍布在人类发展的不同时段，也从另一个层面反映了对生命力的渴望。人们过生日的时候要吃"长寿面"，老人过生日叫"寿辰"，要摆上

"寿桃"，亲朋好友要说"寿词"，被祝福的人又称为"寿星"。人们总会在过生日的时候祝愿长寿，随着人的年纪增长，总会找一个合适的长寿之词。

从现存的徽州瓦当图形我们能够看到，居民建筑以老虎纹样与寿字组合，加上花纹的吉祥图案（见图5-15）。吉祥纹样是用特定吉祥寓意的图案作为载体，把人们的思想感情灌输在图形中，来表达吉祥含义或美好祝福。吉祥纹样在徽州的建筑装饰中占据大部分的比例。古代社会经济的发展是推动装饰艺术的主要力量，徽州人从家乡走出去，经历了艰辛的创业，最终回到故里。他们带回来的不仅是财富，还有外面的文化与思想观念。它有着江南水乡的文化气息，运用在屋顶装饰中，组合成整体的徽州文化。

团寿纹　　　　　　　　　　　"寿"

图5-15　徽州地区部分寿字纹样

第四节　徽派瓦当元素在现代建筑陶瓷装饰中的应用及创新

徽州古建筑瓦当作为装饰艺术之一，是古建筑特色艺术的产物。瓦当装饰元素代表了当地人民对生活充满希望，经历时间的洗练后，形成了独具徽州特色的生命力。

一、徽州瓦当装饰的现状

瓦当装饰在徽州地域文化中和谐发展，一直保留着自身的特点。

瓦当在现代社会中得到了人们的重视和关注，人们把瓦当应用在装饰艺术之中，这种结合不是单纯的瓦当图形复制粘贴，而是通过一定的设计来重新组合它们。通过查阅徽州相关的历史资料可知，安徽地区的古民居主要集中在黄山市区附近，现在的代表性村落以宏村、西递建筑群为主，这些地方的瓦当装饰也在进行保护和维修。

中国古代对于建筑的审美，是以"天圆地方，天人合一"为哲学宗旨的。它就是提倡以改造自然为主，且要回到自然。当前，瓦当已经转变成承载历史的一种符号，一种代表生态循环下的建筑元素。

瓦当的再设计，最需要体现的是自然、环境、人与空间的关系。现在的施工工艺开始规模化，使得徽州地区的瓦当开始普遍化，有可能让人产生千篇一律的感觉，同时全国各地的特色瓦当大部分只能在博物馆鉴赏，留在建筑上的瓦当大多是近些年的装饰。

徽州瓦当的装饰传承，对本土徽州特色的城镇文化、打造地域环境景观有重要的意义，在保护现有徽州传统民居建筑时，考虑城市之间的发展与联系。徽州瓦当装饰元素保留了古代传统纹样的基本特征，反映了历史长河中的瓦当艺术复兴，形成了徽州本土的特色文化。

二、徽州瓦当在现代装饰中的设计与应用

瓦当的装饰元素作为固定模式在现代设计中广泛应用，它是提取了徽州瓦当的纹样。瓦当纹样本身具有装饰特性，它渗透在现代设计生活中，让现代设计适应了地域的民族性。徽州瓦当装饰元素的题材内容丰富，需要把握纹样的精髓之处，通过改造进行设计，扩大徽州瓦当装饰元素的应用范围。

（一）徽州瓦当在传统建筑中的应用

现代建筑装饰发展偏向于规模化、技术化，人们偏爱新型的建筑材料，色彩更加丰富，传统工艺技术被降低使用，瓦当在建筑中的使用率逐渐减少。在屋顶的维护上，人们有了更加方便的技术，如今的屋面防水设计，包括了结构层、防水层、保温层、隔汽层、保温层等构造层次的设计，但是失去了中国传统屋顶特色。

中国的建筑骨架是木结构材料，年久失修的房屋建筑，为建筑修复增加了难度。当前，从中央到地方都在保持建筑文物不变的情况下延续文物的价值。这些都是古建筑修复的保证。

徽州古建筑的修复是一项重要且复杂的工程，重要的是它的原始文化内涵，复杂的是徽州瓦当的时代特点。古建筑有着历史文化、艺术水平和科学价值，对于古代建筑的保护，实际上就是对古代劳动人民的建筑、艺术和文化习俗的保护。在修复建筑的过程中要有步骤、有顺序，考察具体的历史文化之后再去制定修复方案。

古建筑通常历史悠久，难免遭受到各种破坏，有的建筑只需要经过表面修理，维持建筑原来的面目，这需要的是修复和完善，将损失与丢失的装饰部件找回来，重现建筑物原来的艺术价值。但是，有些古建筑历经了不同年代的修复，成了人们沿袭时代审美的习惯，在这种建筑修复过程中，可以看到不同年代的装饰，这也可以成为一种修复方式。

古建筑修复按照国家的要求标准，以小修为主不改变整体布局，同时尽力以治本为主，采用传统的工艺和施工方法，减少现代的附加产品。在修复建筑时最值得关注的是建筑材料，修复过程中最好使用古代材料。如今古代建筑的装饰构件由于建造的时间不同，瓦当的使用和纹样的年代风格迥异。譬如，在徽州宏村的居民建筑屋顶修

复上，笔者发现屋檐瓦当出现多种纹样分布（见图5-16），瓦当的纹样分别出现了植物纹样、动物纹样和文字纹样。清朝的徽州民居瓦当修复，在实地考察中可以看到主要是筒瓦、板瓦、勾头和滴水瓦的修复。

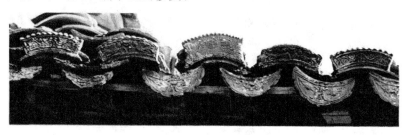

图 5-16　宏村屋檐

　　在现代的建筑上，徽州瓦当已经脱离了原有的实用性，而成了建筑室内或室外的局部装饰物，采用瓦当元素的目的是一种本土淳风的效果，其次是对古建筑的造型维护，这种修复在徽州的仿古建筑中较为常见。在使用瓦当的过程中，我们应该关注瓦当的文化内涵，将其运用得当，才能够充分展现徽州的地域文化。

　　在安徽地区的公园仿古建筑上，徽园的特色仿古建筑（见图5-17）应用了瓦当装饰。

图 5-17　合肥徽园仿古建筑

（二）瓦当装饰元素在平面设计中的应用

　　在平面设计中，瓦当代表性设计是校徽标志设计，例如北京大学的校徽（见图5-18）设计就应用了瓦当元素的形式，以文字瓦当"冢"纹图形（见图5-19）演变而成，依照圆形瓦当形制作为外框，根据中国人追求圆满的圆形布局。鲁迅先生通过对古代书法与传统文化元素的提取，将"北大"两个字上下放置，用篆书作为校徽主体。篆书是古代书法偏好使用在瓦当上的字体，这种字体是具有装饰性的象形文字，篆书通过抽象、意会、联想和想象等进行设计，通过人们对于物象的理解能够迅速了解这个篆书想要表达的内涵。鲁迅先生平时对于古碑文拓写与古代文字瓦当的了解为北大校徽设计奠定了基础，经过2007年学校重新修改最终确立，现如今北大校徽用阴文，整体以瓦当作为借鉴，体现了北大的历史悠久。校徽的布局从对称、和谐、统一、比例出发，体现了瓦当装饰元素的特色性。

图 5-18　北大校徽　　　　　图 5-19　象形字"冢"

（三）徽州瓦当装饰元素在室内空间中的应用

徽州瓦当元素应用在商业餐厅、家具装饰、园林景观，整体增加了空间的格调。饮食文化与人类的发展如影随形，现在的商业餐饮空间提倡地方文化特色，它成了地域特色和民族文化的表达空间。

主题空间成了室内设计的主流趋势，每种主题空间都会吸引特定人群。在这些室内空间设计中，主题餐饮空间的特色发展最明显，徽州建筑瓦当装饰元素在全国各地的商业空间得到了发展，在多处餐饮空间都直接应用了瓦当的装饰元素，许多商业餐饮空间直接设计戏台（见图 5-20）、包间的外立面。

图 5-20　亳州酒店的戏台

在特定的空间应用徽州瓦当元素，能创造出令人意想不到的效果。如图 5-21 所示的餐厅顶部空间局部图，设计师将徽州纹样应用在室内顶部，除了餐厅顶部的平面植物纹样和梁架上的半镂空吉祥纹样之外，灯具上相应布置了吉祥寓意的纹样，应用了徽州瓦当纹样进行元素提取。

图 5-21　亳州酒店的餐厅

　　徽州瓦当元素在室内墙面的应用，相较于地面和顶面的传统纹样更加多样和丰富。因为徽州瓦当纹样在墙面的表现形式无论是简单还是复杂都适合。图 5-22 为灰色瓷砖瓦当的墙面装饰，用石雕中的纹样与瓦当图形进行创新设计。瓦当的纹样遵循中心原则，形成对称之美，将瓦当的图形进行四份对等分割，采用拼接的方式来打造瓦当元素的吉祥如意。

图 5-22　灰色瓷砖瓦当墙面装饰

　　在家居装饰中，徽州传统元素在现代家具中表达传统风格是室内空间的重要表现手法，如图 5-23 所示的木质储物柜，提取瓦当的团寿纹样设计在储物柜的开关处，增加了储物柜的价值，体现了中式室内纹样的特点。如图 5-24 所示的瓦当纹样椅，将瓦当纹饰应用在家具装饰上，通过在不同材质上表现瓦当纹样的装饰性，在实木材质上应用纹样的文化底蕴和美好祝愿。

图 5-23　木质储物柜　　　　　　　　　　图 5-24　瓦当纹样椅

装饰织物在室内空间广泛应用，中国的软装装饰偏爱使用传统纹样，作为早期的平面纹样来源，徽州的瓦当元素提取其中的美好意愿。如图 5-25 所示的坐垫中心清晰可见寿字，在人们寻求圆满的框架中布局，简单明了又不失地域文化特色。

图 5-25　寿字瓦当坐垫

从瓦当元素在室内各方面的应用得出，徽州瓦当元素的运用和表达使得特色的地方装饰纹样内涵与徽州文化联系在一起，徽州传统文化渗透进室内环境中。

三、徽州瓦当元素在装饰艺术设计中的创新研究方法

如何将徽州瓦当元素创新在装饰艺术中，从而摸索出新时代特征的图案，这是我们需要解决的问题。在现代的装饰艺术设计中，如何合理利用民族性、地域化，同时建立多元化的设计，这也是我们需要面对的问题。改革开放后，西方的设计从多角度影响着现在中国设计领域，新材料和新技术的使用，也为传统装饰在艺术设计中的应用提供了多种表达方式。

在设计的进程中，固定的思维模式有时会阻碍人们的创新性。设计的起点和终点是生活，创新是为了使生活有趣味性和多元化。设计者不能一味地以创新为目的，更需要创新改造生活的品质。徽州瓦当元素的内在价值与现代设计的外在表现如何有效

地结合，徽州瓦当如何能在现代设计中表现出创新的地方特色，这些都是我们需要重视的地方。我们选取的图案应该更多体现出社会价值和大众可以共鸣的元素，结合现代环境空间变化，能够贴近生活，符合自然。

（一）徽州瓦当图形的寓意创新

徽州瓦当可以凸显现代化的地域特色，展现时代特征。如果我们突破过去的旧模式，将创新的关注点放在徽州瓦当图形上，用原来的瓦当图形套用在设计上，进行适度改良，瓦当内部精神就能够保留下来。首先，我们需要提高自身的审美水平，打破常规和固定思维，但不是盲目地创新，而是需要提取抽象元素并进行加减设计。现在的设计是将复杂简单化，将简单的图形印象化。我们需要理解徽州乃至中国整体的传统瓦当图形的"意"和"形"，只有这样才能设计出符合当今审美的作品。

瓦当纹样从基本的结构看，是点、线、面的组合构成，以黑、白、灰色为主色调，这是符合徽州瓦当的主色调，又能体现居民建筑的特点，它的曲线美感成为设计的基本布局，规律清晰的层次是设计的主体。徽州弯曲的瓦边，不像北方早期瓦当用圆形构造为当面。以图5-26为例，设计将最基本的图形进行改变，笔者用瓦当常用的寿字与花朵图案进行对称的方式布局，外轮廓直接运用徽州瓦当形状，提取重点进行勾勒。图形的设计重点是"寿"字变形，徽州的瓦当寿字有简化式、团寿纹的表现，这个字体是简化的字体，中间的寿字从四个角度都是一个字体，在满足徽州黑、白、灰颜色的背景下，把屋檐的翘脚运用在文字中，想以意向的形式来体现瓦当纹样的美感，追求神似又尽量形似的思路，表现瓦当的文化内涵。

图5-26　徽州瓦当元素的再创造设计

图5-27为笔者对于瓦当中凤凰纹样的符号化抽象提取，徽州这一类的瓦当都是刻画着两只凤凰对称着飞向太阳，这是古人对于成双成对的美好期许，也有团寿纹与回纹的有机结合，这保障了原有元素和造型，然后组合删减，追求瓦当纹样的神似。

图 5-27　瓦当图形的创意设计

将创新的瓦当图案放置在客厅软装中（见图 5-28），让人一目了然的同时加深了徽州元素的应用性。图中靠垫的纹样以美好寓意的凤凰和寿纹为装饰设计。

图 5-28　瓦当纹样软装

（二）徽州瓦当的装饰元素再设计

徽州传统装饰纹样在设计中应用广泛，但是直接使用图案缺乏新鲜度，丧失了相应的现代设计感，很多传统元素已经跟不上时代步伐，如果单纯运用图形，则不利于表现传统纹样的文化价值。

适度地借鉴传统纹样，分解原来的纹样，将其打碎再重构，以适应生活，而不是为了设计去设计，这样才不会本末倒置。我们研究瓦当图形可以创新，通过简化"形"的方式来表现瓦当设计。它可以说是一种创新，是在没有过度夸张的前提下进行改变。

对瓦当的图形进行典型化提炼和概括，并把装饰多余的细节通过提取、删减等手法进行设计，这样能让瓦当元素更具特色，在前人的设计基础上进行再次提取和深加工，从而展现出原创性。

如图 5-29 所示，笔者设计的徽州瓦当以兽面元素为主要图形。利用黑白的线条勾勒，把徽州的主色调黑、白、灰应用其中，与徽州建筑的特有风格呼应，在细节上增加空白面积，加大人们对于瓦当纹样的想象力。在视觉中没有强大的冲击力，这一点是遵循着瓦当的低调审美价值来体现的。图中对兽面纹进行了四种变形，从根本上没有抛弃动物的基本特征，相较于其他装饰的精致纹样，徽州的兽面纹瓦当已经做到了简单抽象，所以在笔者设计变形的过程中，依然保留了原来瓦当的线条。

细节纹样的省略是为了更好地突出纹样主体，增加它的可爱度，在兽面元素的图形中，如兽面纹设计强调它的威严，但是又增加它的趣味，将嘴角周围的胡须简化成一滴水的造型，将其他的细节特征删除。墙壁绘制浮雕的瓦当纹样，通过徽州瓦当元素变形改变原来严肃的兽面纹样，瓦当的纹样有规律、有节奏地重组，采用黑、白两色，让空间增加活跃感。笔者主要将徽州瓦当的装饰元素应用在室内空间，将中式风格与微元素有机结合。

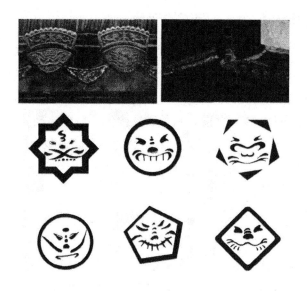

图 5-29　徽州瓦当兽面纹设计

总之，徽州瓦当在现代设计中的存在价值，应该从历史发展的背景出发，从整个大的环境中寻求稳定的发展方向。当徽州瓦当元素中某种图形被应用在环境设计时，无论是二维平面还是三维立体空间上，它都体现了瓦当元素背后的装饰意义与存在价值。找寻徽州瓦当创新的元素，顺应时代发生变化，体现着徽州文化与局部装饰的创新性融合。

第六章 徽派建筑元素在陶瓷壁画中的应用与发展

第一节 建筑中的陶瓷壁画

一、古代建筑环境中陶瓷壁画的运用

世界上最早的陶瓷壁画诞生于两大史前文明的尼罗河畔的埃及和两河流域的美索不达米亚，大约在公元前3000年，埃及人发明了色泽如蓝宝石的釉料，随后，这种釉料被用于建筑上。大约在公元前700年，当时巴比伦伊斯塔尔门的壁画上饰嵌着一层以青色为基调的釉砖，上面布满了动物图像。新巴比伦的琉璃壁画形象完整，雕刻精细，工艺制作精巧，反映了两千多年前的古人即已具备了在艺术表现上和工艺技术方面的较高水平，这种壁画艺术和技术，在后来的波斯帝国的许多宫殿建筑中被沿用。

随着海上贸易的发达，中国陶瓷运往中东，促进了伊斯兰陶瓷的发展。到了15世纪，意大利文艺复兴运动兴起，使中世纪沉寂已久的欧洲陶瓷壁画有了急速的发展，并绽开了灿烂的花朵。在西班牙，用陶瓷釉砖来装饰建筑极为盛行，如在塞维利亚的西班牙广场的"合同大厅"，其建筑壁画上镶嵌着数十幅陶瓷壁画。而在"新艺术运动"中，在莫里斯的影响下，许多建筑师、艺术家转向工艺美术和现代设计，以伦敦为中心开展运动。在制陶艺术方面，威廉是最为突出的一位。1871年他在切尔西建立了自己的工房，并以陶艺家的专职身份同外界交往。在这一时期，为工业机械化生产的瓷砖也向着满足新的建筑形式的装饰要求发展，其特点是纹样较简单，色彩较单一，规格也较统一。整体上不再是作为某种具有较高艺术水平的可供单独欣赏的画面，装饰于建筑的壁面的陶瓷壁画，而往往是适应建筑形式结构自身的合理性和逻辑性。

中国是世界上几个历史悠久的文明古国之一，对人类社会的进步与发展做出了许多重大贡献。早在欧洲掌握制瓷技术之前的一千多年，中国就已能制造出相当精美的瓷器。中国新石器时代的陶器艺术，其中有较为典型的仰韶文化以及在甘肃发现的稍晚的马家窑与齐家文化等，新中国成立后在西安半坡史前遗址出土了大量制作精美的彩陶器，令人叹为观止。汉朝，艺术家和工匠们的创作材料不再以玉器和金属为主，

陶器受到了重视。在这一时期，汉字中开始出现"瓷"字。六朝时期，迅速兴起的佛教艺术对陶瓷产生了相应的影响，在作品造型上留有明显的痕迹。唐代，陶瓷的工艺技术改进巨大，许多精细瓷器品种大量出现，即使用当今的技术检测标准来衡量，它们也算得上是真正的优质瓷器。唐末出现了一个陶瓷新品种——柴窑瓷，因质地之优而被广为传颂，但传世者极为罕见。陶瓷业至宋代得到了蓬勃发展，并开始对欧洲及南洋诸国大量输出。以钧、汝、官、哥、定为代表的众多有各自特色的名窑在全国各地兴起，产品种类日趋丰富。元朝，枢府窑出现，景德镇开始成为中国陶瓷产业中心，其名声远扬世界各地。明朝，景德镇的陶瓷制造业在世界上独树一帜，在工艺技术和艺术水平上独占鳌头。据相关资料调查，在中国古时候的陶瓷壁画有以下三种表现形式。

（一）画像砖壁画

古代建筑物或墓室壁面上的画像砖，既是建筑结构的一部分，又是一种室内装饰画。商代陶质管的创造，标志了陶瓷材料用于建筑的开始。西周出现了瓦和铺地砖，到战国时期，砖的种类已经开始得到广泛发展，并大量用于构筑壁面，这为陶瓷壁画的产生提供了可能。画像砖壁画的制作工艺一般采用雕刻好纹样的木质印模，在未烧之前的半干砖坯上压印上纹样，再进行烧结。表现形式为阳刻线条、阳刻平面、浅浮雕等相结合；一般用木模压制，亦有直接刻在砖上的，有的施加彩色。砖有方形和长方形等几种，多数情况下，每一块砖为一幅画面，亦有上下分两个画面的。内容有割禾、制盐、采莲、弋射，以及饮宴、歌舞、百戏、车马出巡、神仙故事等。构图富于变化，造型简练生动。画像砖大都发现于四川的东汉墓中。河南和长江中下游地区的南朝墓中也有发现，但多用小砖拼成一个画面，内容多人物和装饰图案等。值得一提的是，江苏南齐墓发掘的砖印壁画"七贤与荣启期"（见图6-1）、"羽人戏虎"等画面形象，用无数块长方形小砖拼贴而成，这种拼贴组合已不同于一般画像砖单幅画面的自然组合，而是对画面和工艺制作的总体设计。其制作过程是将刻好画面的木块木模，切割成若干小木块，然后分别印在砖坯上。砖的端面印以凸出画面，在砖的另一侧面均有凹印刻写的壁画名称和砖行编号，在烧成后以按号拼贴组合。这种拼贴组合，为后代陶瓷壁画所继承，并得以发扬光大。

图6-1　"七贤与荣启期"壁画

（二）琉璃壁画

琉璃用于建筑，在北魏时期就已开始。到了唐代，政权稳固，经济繁荣，人们安居乐业。商业与交通的迅速发展促进了陶业很快趋向高峰，琉璃使用在建筑上作为装饰物的部位和范围比以前显著扩大。宋代是我国古代建筑的隆盛时期，这一时期的建筑尤其注重装饰和色调的运用。

从绚烂的琉璃、斑斓的琉璃构件，到整个琉璃屋顶，无论群体建筑还是单体建筑，都追求形制与色调的统一，这无疑大大增强了建筑的艺术效果。明代，寺庙建筑的发展，促进了琉璃艺术的空前兴盛，其中以琉璃龙壁最为突出。"九龙壁"（见图 6-2）的烧制即用了上百块塑面琉璃镶拼而成。其画面共分为龙、山石、云气、海水四成塑体，花纹复杂。烧釉时既要考虑各块之间色彩的协调统一，同时还要考虑错缝、叠砌时保持壁体的坚固。如今，置身于"九龙壁"的画面之下，你仍会感受到它独特的艺术魅力，其图案构成的变化丰富、协调统一，具有高度美学意义的环境和设计意图均值得后人去研究。

图 6-2　"九龙壁"

（三）砖刻壁画

砖刻是流行于民间建筑中的一种装饰艺术形式。它是用素烧过的砖来雕刻出所需要的纹样和图像，工艺技术与石刻接近，其艺术风格在中国建筑各种材料的装饰雕刻中可谓独树一帜。如图 6-3 所示的牡丹壁画，从艺术形式来看，其画面构图、透视的处理、物象的造型、空间的表达都与传统绘画、雕刻有着密切的关系。画像砖、琉璃饰面、砖刻等古代陶瓷壁画形式，不仅鲜明地体现了强烈的时代气息和艺术个性，也充分反映了当时材料、工艺和技术的发展水平。

图 6-3　牡丹壁画

二、陶瓷壁画的运用和发展现状

在国外，现代的陶瓷壁画风格多以与现代陶艺相结合的抽象装饰为主，追求材质、肌理、造型与现代建筑环境相对比的装饰手法，从而突出陶质的粗犷、凝重感。1948年，在巴黎设立的国际建筑家联合组织（UTA）上，专家提出在环境规划和建筑设计中应该充分考虑地域性和传统性文化因素，并且更明确地提出建筑与美术相结合的主张。在当时，建筑家与美术家的合作成为一种时尚。例如，在 1958 年巴黎联合国教科文组织的总部设置了毕加索的壁画，建筑外壁则设置了米罗的陶砖釉彩壁画（见图6-4）。这种国际建筑思潮潜移默化地影响了世界各地建筑师的设计观念。在陶瓷材料对建筑的装饰方面，日本做得非常出色。日本人将这种具有较高艺术含量和文化特征的陶瓷装饰称为"陶壁"，并广泛应用于各种公共场所，构成了建筑公共场所的独特景观。1956 年冈本太郎为建筑大师丹下健三设计的东京旧市政厅创作了陶壁作品"日之壁"与"月之壁"。其作品可谓是现代美术与建筑设计观念的综合产物，也开辟了现代陶壁艺术的先河。20 世纪六七十年代后，随着公共建筑的大量兴建，陶壁创作日益兴盛起来，比如日本当代著名陶艺家会田雄亮就做过许多陶艺型壁画（见图6-5、图 6-6 ）。

图 6-4　米罗壁画

 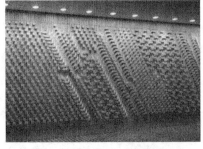

图 6-5　会田雄亮创作的酒店壁画　　　　图 6-6　会田雄亮创作的影院壁画

　　到了近现代，陶艺在主流艺术中出现的机会更多，公共的环境陶艺也在不断地发展，陶艺家以独特的表达方式参与到建筑空间中去，使陶瓷壁画更加广泛地被大众接受。但目前，陶瓷依然作为一种较为廉价、耐强度的材料，还未得到广泛的认可和使用。世界各地的陶艺家们都在积极参与各项创作，并将陶瓷材料的优势发挥得淋漓尽致，以期创作出各具特色的陶瓷壁画。

　　在美国犹他州盐湖县桑迪公众艺术中心，韩国陶艺家伯纳德·艾芙恩·泰洛运用玻化陶瓷设计的冰冻弥撒（见图 6-7），作品细中带有粗犷，陶的肌理非常明显，视觉冲击力强。中国有着世界上最早的制造陶瓷的历史。早期，现代建筑装饰为了适应变化的建筑结构和简洁的建筑形态，而大量地使用陶板或瓷砖构筑壁画，这也促使了用釉色在陶板或瓷砖上描绘和表现形象的新的陶瓷壁画形式产生。近几十年来，人们运用这些工艺技术制作了大量的装饰于建筑的壁画。

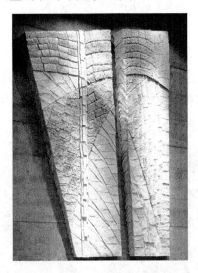

图 6-7　桑迪公众艺术中心的陶艺壁画

　　20 世纪 90 年代陶艺发展出现了新的气象，相应形成了新的格局。进入 21 世纪，中国当代陶艺呈现更加活跃和精进的态势。艺术家在频繁的学术交流和展览活动中，突破已有的状态，寻求艺术与现实相适应的关系，强调思想性、批判性和当下性。中国女陶艺家张温帙将传统陶塑的捏塑手法运用到建筑陶瓷壁画中（见图6-8），摆脱传统的束缚，极具个性美，充分展现了材料的特性，同时开拓了颜色釉的运用。陶艺家朱乐耕为韩国首尔麦粒音乐厅外墙和走廊设计的陶瓷壁画作品（见图6-9、图6-10）是一次跨学科和跨国界的合作，体现了陶艺家、建筑师以及音响设计师的完美合作。何炳钦教授为景德镇昌江广场设计的《千年窑火源远流长》（见图6-11）以浅浮雕的表现手法，展示了景德镇陶瓷制作的生动画卷。该作品放置的环境是一个开阔的广场，这种横向如轴般的构图恰好适合行人在游走中观看。再则，这幅壁画具有一定的叙事性，观者在行走中欣赏其前后关系，更如翻阅手卷般赏心悦目。因为该作品是被安置于一个公共环境当中，为了方便广大群众接受，作者采用了较为清新淡雅的色彩，和谐统一，较为传统的表现手法不仅愉悦了观众，而且弘扬了民族文化。

图6-8　张温帙的建筑房屋壁画

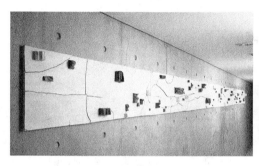 

图6-9　朱乐耕设计的麦粒音乐厅走廊壁画　　图6-10　朱乐耕设计的麦粒音乐厅外墙壁画

图6-11　景德镇市昌江广场的陶瓷壁画

第二节　建筑和陶瓷壁画装饰的关系

陶瓷壁画作为现代环境陶艺表现形式之一，以具体可感的艺术形式介入建筑空间，使我们生存的环境空间达到设计艺术化的境界，获得一种超越物质的精神提升。作为建筑装饰的一个组成部分，陶瓷壁画越来越受到人们的喜爱。米罗是20世纪的绘画大师，超现实主义绘画的伟大天才之一。米罗曾说："我在大墙上追求一些对比，用黑色、猛烈和有运动的线描与平涂或涂成方块的宁静的色彩形式形成对比。"一方面，陶瓷壁画符合国际审美，大手笔、大规格、大气势开阔了大家的视野；另一方面，随着陶瓷壁画的不断创新，陶艺家们越来越多地参与建筑装饰方面的研究，将个人的思想、陶瓷的独特语言与建筑环境相结合，以使作品与整个环境相协调。

在古代，人们对居住环境的要求仅仅局限于使用安全；时至现代，人们对生活质量和生存空间提出了更高的要求。建筑空间艺术化正是环境意识强化的具体体现，在人与建筑和自然环境的关系中，陶艺家们以新的眼光重新审视艺术在其中的地位和作用，这也使现代艺术形式介入现代环境营造活动的机会越来越多。作为现代艺术中的一种表现形式，现代陶瓷壁画艺术因其材质美感和艺术表现的独特优势，受到陶瓷艺术设计者的青睐。

一、建筑、建筑环境与建筑装饰的基本概念

通俗来讲，建筑是人们的行为方式和生活环境、工作环境、娱乐环境的空间，剧院、住宅、学校、商店都属于建筑的范畴。

人的一切行为都离不开环境，环境是人类生存、发展的首要条件。广义的环境包括自然和社会多方面的内容，它不仅指物质方面的形式和空间，还包括它同时负载的精神方面的内涵，如模式、观念、逻辑等。建筑环境一般分为建筑外环境和建筑内环境。建筑外环境是人们在视觉上可以直接感受到的、身心能够进行体验的物质空间，

诸如绿化、建筑、小品、道路、场地等。建筑外环境是自然环境和人工环境的综合。它是由众多的绿地环境、街道环境、广场环境及小品设施等人工和自然要素所构成的一个有机的、统一的整体，也是室内环境的外延。它不仅为人们提供了广阔的活动天地，为人们的日常室外交流活动提供了场所，也创造了气象万千的自然与人文景象。建筑内环境一般指室内环境，室内环境是建筑环境中不可割裂的组成部分，这一部分空间是人类主要生活的空间。

在我国，建筑装饰是近年来建筑行业中划分出的新兴学科，是建筑的一个重要组成部分，它是在建筑设计的基础上通过一定的艺术手段改变建筑各组成，如界面的造型、比例、色彩、质感等，从而满足人们对建筑的审美要求。建筑装饰在工业革命以前，曾与建筑是一个难以分割的整体，随着现代主义建筑运动的兴起、烦琐装饰被淘汰，建筑装饰一度成了不合时宜的名词。但由于建筑的基本属性，所以客观上提出了建筑装饰的多元化要求。

二、陶瓷壁画装饰必须符合建筑装饰的基本原则

陶瓷壁画装饰与一般造型艺术的不同在于：它必须依附于建筑，为人的活动服务，它的建造对技术有更高的要求。因此，它必须符合建筑装饰的以下几个基本原则。

（一）加强环境的整体性

从系统论的观点看，个体建筑是众多人造环境中的一个组成要素，而建筑群体是自然环境中的一个人造子环境系统。作为前一种状况，设计者要研究的环境要素，包括单体建筑与周边相邻建筑和外围自然环境之间的关系，以及单体建筑自身各组成要素之间的组合关系。如此，陶瓷壁画设计必须融入这一环境系统之中，形成一个有机的整体，才能满足人们的审美需求，达成有意的形式和有序的变化。例如，黄焕义为景德镇陶瓷学院湘湖校区设计的穿越时空壁画（见图6-12），其色彩和造型设计都是和整体建筑相呼应的。

图6-12　穿越时空壁画

（二）科学性与艺术性相结合

当我们开始设计陶瓷壁画的时候，不应是一种宣泄、一种欲望的表达，而应是一种有计划、有设想的解决问题的方式。所要解决的正是如何满足人们的某种特定需要，所以设计是以科学分析为前提的；同时，问题的解决方式也有许多种，究竟哪一种方式才是最经济、最有效、最科学的抉择？所以说，设计始终都涉及科学方法和科学思考。陶瓷壁画的设计最终必须通过施工才能得以实现，施工手段包括施工技术和结构、构造技术等，这些技术本身就具有极大的科技含量，是人类科学观点和科学方法的具体运用。陶瓷材料的运用随着科学技术的进步不断发展，也对陶瓷壁画装饰具有极大的推动和限定作用。陶瓷壁画要满足人们精神功能的需求。

艺术性表达是人类审美意识传递的一种有效方式，其成果又给人们带来了丰富的艺术享受，因而建筑、壁画与艺术有着不可分割的内在联系。高度重视建筑美学原理，重视创造具有表现力和感染力的装饰艺术形象，创造具有视觉愉悦感和文化内涵的建筑空间环境，才能使生活在现代社会高科技、快节奏中的人们，在心理上、精神上得到放松和平衡。英国陶艺家罗伯特·道森设计的地铁壁画（见图6-13）利用丝网印刷技术在陶瓷表面装饰，以单一图案从清晰到模糊的渐变，达成科学性与艺术性完美的结合，给人以运动感。

图6-13　地铁壁画

改革开放以来，中国城市化进程加速，城市建筑的蓬勃发展也推动了陶瓷壁画艺术在公共环境中的运用。随着中国城市建筑艺术不断发展的要求和个人审美需求的逐步提高，无论是建筑外大型的陶艺壁画、景观陶艺墙，还是建筑内的陶艺，都变得越来越多，以至随处可见。现代陶瓷壁画艺术作为当代环境艺术设计的一种符号，在建筑环境空间的营造上已成了不可缺少的表现手法之一。国内一批致力于陶瓷壁画艺术创作的专业人才，正以不同的创作理念和陶艺技法表现，积极地投入陶瓷壁画的创作中，将陶瓷艺术融入公共建筑环境空间中，推动着陶瓷壁画艺术与建筑环境的不断融合与发展。

第三节 陶瓷壁画在建筑空间中的表现

一、建筑环境中陶瓷壁画有助于拓展心理空间

在建筑装饰业蓬勃发展的今天，外墙装饰大都是清一色的玻璃幕墙或单色瓷砖，面目冷漠，缺乏感情，这种为追求工业的高速发展而产生的建筑形态，与人们向往的自然的生态环境有着较大的出入。壁画可以作为人面对自然的一个窗口，在大厦的中厅看到描绘自然的壁画，会给人一种心旷神怡的感觉。陶艺还能从民族、地理、人文、历史、文化、休闲功能等方面，拓展广阔的建筑艺术空间。这些审美基质是朴实无华的，是空灵通透的，是消除外物隔阂的单纯美的表现。将陶瓷壁画运用到建筑艺术中，符合人们的心理，也为建筑空间的展示注入了适应弹性和亲和力。

陶瓷壁画装饰发展于现代社会之中，建立在生产、生活的计划内容之上，并受到市场经济、现代价格标准，以及现代人的需求（包括生理和心理两方面）和现代技术条件、材料的制约。其中，满足人们的需求是陶瓷壁画装饰的主要目的，也是它的基本内容。不同的文化背景，不同的地理、气候条件使不同的群族有着不同的生活习惯和审美观念；在不同的经济条件下，人们对"舒适"的感受也各不相同。这就更要求设计者必须系统地对服务对象进行研究，至少包括与文化背景有关的审美习惯，与文化背景和地理、气候条件有关的生活习俗，与经济条件有关的不同功能需要等。了解和研究服务对象也是使用者对设计者提出的客观要求。唯有此，陶瓷壁画装饰的历史才可能不断向前发展，不至流于千人一面的单调设计中。

二、陶瓷艺术的发展促成陶瓷壁画在建筑环境中的运用

现代陶瓷艺术是随着西方科技文明和西方现代艺术的发展而确立起来的一种现代艺术样式。在近 150 年的西方艺术史上，罗丹、德加、雷洛阿、高更、马蒂斯、米罗、毕加索、杜飞、鲁奥等声名显赫的大师都曾涉足陶艺创作。在西方有一个被普遍认同的观点，即现代陶艺形式的表达起始于 1954 年——以彼得·沃克思受聘任教于洛杉矶县立美术学院（后改名为奥蒂斯美术学院）并启动被后人所称道的"奥蒂斯革命"为标志。在第二次世界大战以后的美国和意大利等国，艺术家们充分利用陶土资源，在技术革新基础上展开了陶艺运动，这不仅推动了现代陶艺的发展，也使后现代主义呈现出真正的多元性。一批先锋艺术家加盟到现代陶艺创作中，他们将许多包豪斯的设计理念与当代社会学方法相结合。在反映政治、战争、种族政策、保护环境等一系

列问题上，陶材都发挥了极大作用。沃克思受当时的抽象表现主义和行为画派的影响，尝试并实践一种完全抛弃传统形式的制陶方式和审美，以放任、偶发、自由的形式充分体现黏土的率性表现及展示艺术家情感观念的新风格。他的创作方式和作品风格中还融合了李基和滨庄司的哲学主张和审美及行为派画家的表现方式，他的这种风格被史学界划为抽象表现主义。受他的影响并与之一起创作的陶艺家有鲁迪·奥帝欧、安纳森、保罗·苏特纳、约翰·梅森、凯·布瑞斯、鲁斯曼、福瑞姆克斯等，他们的共同努力掀开了美国现代陶艺的新篇章。与此同时，在日本，以八木一夫为首的现代陶艺家不约而同地进行着全新陶艺的实践。1954 年八木一夫的《萨姆萨先生的散步》问世，在陶艺界引起震动，其后走泥社的成员铃木治、山田光等人也纷纷走向远离陶瓷功能实用性的倾向，转而创作纯粹造型的前卫风格的作品。现代艺术与传统陶瓷手工艺的结合给陶土、釉料这样一些古老的艺术题材及其成型方式带来变革，促成了传统陶艺的现代转型，从而开拓了现代艺术中一个备受群众喜爱的现代陶艺领域。陶土及制作成为人们表达思绪和情怀的艺术语言。作为一种兼具原始性、现代性、公众性的现代艺术样式，近百年来，现代陶瓷艺术在推广现代艺术的精神成果，并使之融入现代文化生活及丰富和发展人的精神生活方面起到了十分积极的作用。

20 世纪 80 年代以前，就当时中国艺术界的整体状况而言，陶土材料并没有引起先锋艺术家的注意，陶土作为一种媒材的价值被忽视。这一遗憾直到 90 年代中后期才得以弥补。90 年代中后期，由于大环境造成了活跃的艺术氛围，陶瓷艺术家开始了有成效的艺术实践，走上了良性发展的轨迹，加上一系列主题明确的展览为现代陶艺的发展推波助澜并发挥了重大的作用。展览和活动使中外陶艺家有了交流的平台，大大提高了中国现代陶艺的总体水平。随着这些活动的开展，20 世纪 90 年代后期以及 21 世纪初这一期间形成了以一批富有创新意识、实验精神和文化深度的中、青年陶艺家为主的创作力量，并且在这支创作力量的带动下出现了全国性的陶艺创作热潮。目前，我国 89% 的高校开办有高等艺术教育专业，其中 61% 开设有陶艺专业或陶艺课程，加上职业学校、专业陶艺设计者和业余设计者，设计人才广泛，可称为设计大国。应该说，这是中国当代艺术综合场景的重要组成部分，它标志着中国当代艺术多元化格局的成熟和完善。

20 世纪初现代艺术家的介入大大促使了传统陶瓷艺术的现代转型。百年来，陶瓷艺术无论是在理念上还是在制作上，都摆脱了传统工艺品的范畴，成为一种孕育新的精神文化内涵的艺术形式。作为一种艺术表达形式，它使用的是人类最早认识的陶土、釉料。运用这样一些最古老的艺术材料，关注的却是当下的社会和人性，因而陶瓷艺术既秉承了传统的精神文脉，又具有丰富而浓厚的现代气息。在制作陶艺时，泥的可塑性和火的神秘、不可预期性，给艺术家极大的灵感以及可探索的空间。陶瓷壁画的美削弱了传统陶艺的儒雅书卷之气，着重体现出本土文化融合了一些外来文化的影响，从而超越了实用性和工艺性，摆脱了仅仅成为远古架上的陈列品的身份，带给我们具有时代性的、符合当今公众审美理念的美感体验，也为美化环境艺术手法的多元化带来新的可能。

加强陶瓷文化和陶瓷视觉语言表现的深度，挖掘有力的表现语言推动着陶瓷壁画在建筑环境中的运用。作为传统和现代相结合的媒介，现代陶艺以及陶瓷壁画的表现形式在当代社会中的处境是挑战与机遇并存。它的机遇存在于我们对其文化和性质的深刻理解之中，在于非本质主义的开放语言观。当代陶瓷艺术的发展必须和当代生活方式、视觉体验结合起来。在工业文明的条件下，高效率的机器生产和大量新材料制作的实用产品，已使陶艺制作在很大程度上从追求实用价值中解放出来；相应地，人们可以以陶瓷作为媒介和方式，相对集中于纯粹地表达自己所追求的精神价值或审美价值。现代文明中，人们对这种精神或审美价值的需要不断增加。能够满足这种现代需要的陶艺形式就是现代陶瓷壁画。可以说，放弃物质性、实用性追求，单纯强调精神价值和审美价值，是现代陶瓷壁画区别于古典陶瓷壁画的突出特征。以个体手工创作为特征的陶瓷壁画，从本质上说无法和当代社会的文化生产相抗衡，但是在以机械复制和重复为特点的当代文化工业鞭长莫及之处，它必定能找到自己的一席之地，并完成自身的文化使命。

三、陶瓷材料优越性促成陶瓷壁画在建筑环境中的运用

陶瓷是最古老、最原始的人工材料，它所具有的优良品质，从人类第一次模仿其他自然形态捏塑并烧制的陶器开始就显现出来，这就是抗压、防腐、耐磨、耐冷热，并具有极强的可塑性。

陶瓷被称为"最简单和最复杂的东西"，其简单是因为它的基本素材是无处不有、就地可取的泥土；而复杂却不仅在于它是通过化学变化从一种物质改变成另一种物质的创造，还在于它是人类心智、情感、思想的反映。在近千年的发展过程中，陶瓷形成一整套独特的语言和审美形态。除众所周知的可塑性特征外，陶瓷造型变化的无限性和肌理美的观赏性，是以人的价值追求和精神审美需要为主线的。陶瓷强调泥性的特征，在塑造成型和视觉体验时表现出柔软性、可塑性和感染力，创作者可以按自身的主体感觉来发掘、解放和探索陶瓷壁画的造型变化，使其具有丰富的观赏性。此过程中融入了创作者大量的情感和生活体验，以及对人生的感悟和阅历积累。创作者充分挖掘陶艺的潜质，且这种潜质是不可被其他艺术形式所取代的，即人性化、自然美、变化丰富、材料亲和、加工便利、技术手段多样等。陶瓷壁画被誉为"纪念碑艺术"，如著名的故宫九龙壁、山西大同九龙壁、山西潞城县文庙、介休市土庙等地以低温三彩釉烧制的浮雕型壁画，历经数百年，饱经风雨侵蚀，仍然鲜艳如初。陶瓷壁画介入

环境的途径和方式是丰富的，如造型、色彩度、题材、肌理等，表现形式具有多样化特点，可根据不同环境的需要有更多的选择，使得作品更好地融入主体环境当中，起到"润物细无声"的艺术效果。这一切都表明了陶瓷壁画与现代环境要求相协调的适应性以及其可能满足多种要求的丰富潜能。

从陶瓷材料的使用和制作规律来看，陶瓷壁画作品能够忠实地表现艺术家本来的意图。在制作过程中陶艺家对作品的诠释以及和泥交流的过程、思维的痕迹都能最终保留并体现在作品上，从而其作品能够完整、准确地把创作意图传递给观众。陶瓷壁画作品从设计到完成大都是由陶艺家独立完成的，从而确保了最后的艺术效果，而不锈钢、青铜、大理石等其他材料的作品在此方面是很难做到的。往往在由工人放大、加工、翻模过程中，会使艺术家在泥稿中使用的一些较为微妙的艺术语言丢失、变形。材料的加工和制作是艺术家创作思维的延续，这一环节的缺憾很可能影响整体意图的表达。另外，陶土、釉料的可自由发挥度与烧制方式带来的不可预期性，会给艺术家灵感、想象和智慧提供极为开阔的活动空间，使技艺、激情和思想可以自由驰骋其中。釉色的表现是陶瓷壁画所特有的，是构成陶瓷壁画语言美的重要组成部分，体现了陶瓷的色彩之美和材质之美，丰富了黏土的表现语言。釉的质地和色彩经火烧之后千差万别，陶瓷壁画的创作在釉的选择上有极大的空间，喷洒泼添、厚施薄涂，经火烧之后，或明或晦、或涩或滑的视觉效果和触觉效果，充分体现出陶瓷壁画语言的多样性，增强了陶瓷壁画表现手法的多样性和艺术的空间表现力。

四、陶瓷文化在我国的独特地位促成陶瓷壁画在建筑环境中的运用

中国是一个陶瓷大国，有"陶瓷母邦"之誉。中国的陶瓷文化一直被视为是体现中华民族文明成就和精神风采的重要方面。世界上恐怕没有哪一个国家像中国这样具有丰厚的、优秀的陶瓷文化历史，并对世界文明进程产生过巨大的历史影响。在中国的艺术发展史中，陶艺闪烁着亮丽的光彩。秦汉时期，国家统一，经济发展，陶瓷艺术也欣欣向荣。秦始皇兵马俑的彩绘陶具有强劲的震撼力，闻名中外，成为"世界八大奇观"之一。具有特色的伎乐俑等充分说明秦汉时期陶艺就已达到完美的艺术境界，对当时的西域产生了重要的文化影响。从盛唐时期的陆上丝绸之路，到明朝的海上丝绸之路，是最具有代表性的辉煌时期，与海外、西方有频繁的商贸交往。影响世界的丝绸之路，虽然是以我国的丝绸最为著名，但当时陶瓷与丝绸一样影响着世界。据史料考证，在当时通往西域的路上，驮运丝绸、陶瓷、茶叶等物的骡马商队络绎不绝，表明了当时的商贸盛况。今天在这些古道上还可以见到残留下来的陶瓷碎片。现代在海域沉船打捞中，发现多艘明代商船上的陶瓷器，更有力地证明了在海上丝绸之路与海外世界的商贸中，陶瓷占有十分重要的地位。富丽堂皇的粉古彩艺术、润泽的釉色、典雅的青瓷，都是中华民族文化的象征。今天我们同样要传达此种艺术精神，演绎于

开放的社会、开放的空间中，推进中国陶瓷艺术的再度繁荣并融到新时代的公共艺术之中，与每一位观众亲密接触，让每一位观众感到激动自豪。

纯净、洁白、坚硬的陶瓷以如玉的品质和丰富的文化内涵一直备受国人的青睐。历代陶工努力创作出了样式丰富、令人叹为观止的艺术瑰宝，世界也通过这些陶瓷认识了中国，认识了中国文化。历代陶工所创造的精美绝伦的陶瓷珍品已成为人类文化中一份独特而宝贵的遗产。传统陶艺凝聚着中华民族伟大的创造精神和卓越的文化品格。中国陶瓷文化的丰厚传统，正是现代陶艺家取之不尽的文化资源。正如里德所说："这种艺术是如此与本土文化上之各种需要密切不可分离，以致每一种民族的本土文化精神，都必然会在这种媒介中寻求它的表现。"陶瓷媒介在当代艺术中最具优势的是它的文化身份，在中国当代艺术情境中，就物质媒材的悠久博大深厚而言，陶艺语言与水墨艺术语言具有相近的性质和相同的文化背景，也都同样面临在东西方文化的碰撞中如何更好地利用传统文化资源、因势利导完成自身现代嬗变的问题。可以看出，当代优秀的陶艺家们在这方面与 20 世纪 90 年代的实验性水墨艺术家们一样，正在以各自的陶艺语言来表达他们真切的生活感受和情感体验，来宣示他们的艺术理念和生活价值观念。在此背景下，重新厘清陶瓷作为本土传统媒介的文化价值优势以及它和本土文化之间内在而深层次的联系，就显得特别具有意义。中国陶瓷艺术的遗存无比丰富，这是任何其他门类的艺术品种都无法与之相比的。它的文化内涵十分丰富而深刻，可以说中华民族将她最内在的本质，她对生命的感悟、对自然精神的心领神会完美地表现在了博大丰厚的陶瓷艺术之中。中国古典主义时期的陶瓷艺术代表这个民族的体验，代表深深扎根于民族文化土壤之中的精神与人性的成熟，代表技术和形式方面精湛的表现方法，代表关于世界与生活的明确概念，这是一个民族对艺术价值的概括。

我们坚持弘扬陶瓷文化，它有着丰富的艺术营养。我们学习它，是汲取前人深刻的艺术内涵、丰富的表现意识与高超的艺术形式。我们要继承与弘扬先人的创造意识，理解传统陶艺的精神实质，是为了提高创造能力，帮助我们拓展横向与纵向的艺术视野，这也是我们今天陶艺创新的立足点。可以说，中国当代的陶艺家已经自觉地意识到他们得天独厚的文化根基是多么有利于他们的发展，问题只在于如何利用这些有利条件。而中国现代陶艺也只有立足于本土的文化基础之上，才有可能再造陶艺大国的辉煌。赫伯特·里德说："陶器是一门最简单而又最复杂的艺术。它与文明的需求紧密相关：作为一种艺术媒介，陶器必然是一个民族精神气质的表现。凭借陶器我们便能对一个国家的艺术，即情感作出评价。"辉煌的陶艺史，正激励着陶瓷壁画的发展。陶瓷壁画以陶泥作为物质载体，体现的是一种现代精神。陶瓷壁画从发展变化的意义上来说，是在传统陶艺文化的沃土中萌发出来的新芽，可理解为传统陶艺文化的新生代。在现代科技文化意识的环境下，创新观念活跃，新的艺术形态丰富多彩。全国近年来的几次陶艺大展充分展示出百花齐放的崭新气象。同时，我们更应看到，今天的陶瓷壁画处在一个全球化的背景中，已进入国际化的对话空间。我国现代的陶瓷壁画有丰厚的传统陶艺文化底蕴，有大批承前启后、勇于创新的陶瓷壁画家，我们可以建立中国陶瓷壁画的独立品格，通过自身的不懈努力，开辟出我国民族陶艺的现代之路，在 21 世纪，再创一个陶艺大国的辉煌。

第四节　陶瓷壁画的设计要素及运用

一、陶瓷壁画创作的种类

陶瓷壁画创作类型很多，任何陶瓷工艺均可用于陶瓷壁画的创作，但主要分釉上和釉下彩绘、浮雕、颜色釉、现代陶艺类壁画等。

1. 釉上彩壁画

釉上彩是先烧成白釉瓷器，在白釉上进行彩绘，再入彩炉低温二次烧成，新彩、釉上五彩、粉彩、珐琅彩都是釉上彩。釉上彩是以陶瓷低温颜料绘制，经过 800 ℃左右的温度烧烤而成，其特色是色彩丰富，表现形式多样，如国画形式、油画形式、装饰画形式等，是绘画类陶瓷壁画的主流。颜色釉是一种装饰釉，被广泛地应用于日用瓷和陈设瓷上。在我国历史上，几乎每一个时代都有颜色釉的杰出代表作，如宋代的青釉和钧红，明代的霁红，清代的郎窑红、乌金釉、茶叶末等。在釉药里加入某种氧化金属，经过焙烧以后，就会显现出某种固有的色泽，这就是颜色釉的产生。由于着色剂的不同，颜色釉所呈现的颜色也就不同。我国传统的颜色釉依着色剂的不同可以分为三类：一是以铁为着色剂的青釉；二是以铜为着色剂的红釉；三是以钴为着色剂的蓝釉。影响颜色釉呈色的除了着色剂的不同外，还与釉料的组成、磨细的程度、烧成的温度以及烧成气氛有着密切的关系。我国历代的制瓷工匠正是利用这些因素，烧成了颜色、风格各异的颜色釉器。一类是低温釉（1100 ℃左右）的陶板壁画，如典型的唐三彩壁画；另一类是高温釉壁画（1300 ℃左右），颜色釉壁画质地坚硬，色彩千年不变。

2. 釉下彩壁画

釉下彩是陶瓷壁画的一种主要装饰手段，是用色料在已成型晾干的素坯上绘制各种纹饰，然后罩以白色透明釉或者其他浅色面釉，入窑经高温烧成。它的特点是色彩保存完好，经久不退。我们通常看到的青花瓷、釉里红瓷、釉下三彩瓷、釉下五彩瓷等就是釉下彩瓷的细分类。

3. 花釉壁画

花釉是近20多年来应用较多的一种陶瓷壁画原料，它以高温色釉料为彩料绘制，经1200 ℃～1300 ℃的温度烧制而成。花釉在陶瓷釉色中变化最丰富，色彩最绮丽。它利用花釉中各种色釉相互交错，在烧制过程中融熔在一起，自然地形成其魅力的色彩、花纹，奇妙、和谐、浑厚、神秘而又朦胧。

4. 唐三彩壁画

唐三彩是直接以流动性极好的多彩低温釉作颜料直接在素坯上绘制，经由900 ℃左右的温度烧制而成的一种历史悠久而形式新颖的陶瓷壁画。唐三彩原是唐代多彩釉质陶的统称，主要有黄、绿、赭等多种釉色。现代的唐三彩壁画是由现代壁画艺术家在继承传统釉色基础上，加以发展引入沥粉技法而创造出的三彩平面壁画。它既不像高温釉那样色彩明艳、反光强烈，也不像低温釉只具图案美而失去"窑变"的天趣，给人一种蕴华美于质朴的美感意趣。

5. 浮雕陶瓷壁画

浮雕陶瓷壁画是一种整体效果好、立体感强的陶瓷壁画，它分为素面浮雕壁画、釉面（多为无光或蜡光）浮雕壁画及二者结合浮雕壁画等。按浮雕纹饰深浅程度又可分为高浮雕壁画和浅浮雕壁画两类。

6. 镶嵌陶瓷壁画

镶嵌陶瓷壁画是一种古老且耐久的墙面装饰艺术。它是运用镶嵌的方法，将普通小四方、异形陶瓷锦砖或各种颜色的陶料块、碎瓷片，按画稿图样组成画面的一种平面陶瓷壁画。镶嵌陶瓷壁画具有外观华丽、美观，做工考究、坚固耐久，形象与色彩高度概括，装饰性强等特点，是最受欢迎的壁画艺术形式。

7. 立体艺术砖壁画

立体艺术砖壁画是用平面砖或浅浮雕砖作为背景，以规格多样、厚薄不一、表面雕琢有自由纹饰的砖块、高低错落镶嵌，或直接用表面切成几何块面的厚砖块构成抽象图形，高高地突出于平面之上而镶嵌的一种特殊陶瓷壁画。它具有灵活拼砌、立体感强等特点，粗犷、大气，尤其适用于大型壁画。

8. 综合装饰陶瓷壁画

综合装饰陶瓷壁画是由两种或两种以上的陶瓷装饰方法集于一身的一种壁画形式。在工艺上，综合装饰陶瓷壁画是取诸家之长、避免单一技法和单一材料之短而力求创新的综合性壁画。

陶瓷壁画的表面状态变化莫测，既有天然的泥质色彩，又有偶然热闹的釉料窑变，在作品设计上不再单独追求平滑与单调。在制作过程中更强调自然的肌理构成，通过材料的细节来表现创作者的情感状态。展示自然的纹理，陶瓷壁画的泥性是最具有表现力的材质语言之一。陶瓷的特殊肌理效果如龟裂、粗糙及亚光等，再加上釉色和烧制的窑变，形成了变幻莫测的陶瓷材料效果。陶瓷材料本身所蕴藏的自然肌理和人文美感与建筑装饰中的灯光相辅相成，表现出强烈的艺术感染力。

陶瓷壁画凭借着其自身的优越性在空间环境中得以普遍运用，然而就陶瓷本身来说也有不可避免的缺陷，比如受材料和场地的限制，以及对釉色的把握较难、不易烧制等，这都充分说明了陶瓷制作的不稳定性。然而，正是这些不稳定性给了创造者新的灵感和艺术追求，使创作者在创作的同时对材料和创作手法不断更新，以弥补陶瓷本身的缺陷，以更加新颖的艺术理念来完善陶瓷壁画的表现形式。陶瓷壁画运用到环境设计中的创新并不是新的风格和新的特色，而是指新的内容和创造新的生活方式。

二、陶瓷壁画设计的视觉效果

墙面是建筑空间实在的限定要素。墙面是建筑空间界面的垂直方向面，它与地面、天棚一起完成围合空间，墙体本身控制了空间的大小和形状。墙面是建筑空间装饰中的重点部位，因为它面积大，位置重要，是视觉集中的地方，对整个空间的风格、式样及色调起着决定性作用，它的风格也就是整个建筑空间的风格。

壁画是一种大型艺术表现形式，在现代社会发展过程中具有重要的价值与作用。陶瓷壁画在公共艺术景观组成和塑造过程中具有重要的艺术性和文化性表现。陶瓷壁画通过陶瓷的艺术材料语言，以艺术表现手法进行表现，对现代公共艺术的发展和艺术环境的营造具有重要的价值。随着新技术和新材料的发展，现代壁画的表现主题和艺术语言也在变得更加多元化，陶瓷壁画艺术语言从传统艺术语言逐渐向着现代化的艺术观念和形式发展，陶瓷壁画的艺术风格和创作观念也在发生着变化，陶瓷壁画艺术语言表现的完善对现代公共艺术的发展具有重要的启示。

陶瓷壁画设计最重要的应从建筑的使用功能，建设方的兴趣、爱好等方面综合考虑，充分体现不同室内空间的风格特写与个性，这样才能装饰成既有个性又丰富多彩的空间环境。陶瓷壁画造型首先应从整体出发，综合考虑建筑空间中门、窗位置以及光源的配置，色彩的搭配和处理等诸多因素。墙面的色彩、纹理或图形上的设计对比可以在视觉上将墙面和顶棚分开。

壁画对墙面的艺术处理，是通过某种画面形式诉诸人的视觉感官，指向于精神领域。建筑壁画装饰不仅仅是工艺装饰，满足初级的感官和精神需要。视觉美感的产生一方面靠作品本身，另一方面要靠周边环境和观赏角度，才能产生完整的视觉效果。张松茂为景德镇火车站设计制作的大型壁画以传统的粉彩手法绘制，画工严谨、设色典雅、构图精湛（见图6-14、图6-15），它位于景德镇火车站，成为弘扬景德镇的一张美丽名片。陶瓷壁画审美与所处物理空间的关系还体现在环境色彩与空间结构上。

色彩是视觉审美中的直观因素，陶瓷壁画的色彩美是与具体环境空间相对应而产生的，它丰富的釉色质感是在与整体环境色彩的对比统一中脱颖而出的，而陶艺色彩美运用得恰当也会对整个空间的色彩氛围起到烘托效果。不同的环境色彩对每一件作品色调和质感的要求都有所不同，作品色彩与环境色彩既要有对比又要有统一，否则一件陶瓷壁画作品不是无法从环境中脱颖而出，就是与环境格格不入。

图 6-14　景德镇火车站陶瓷壁画之一　　图 6-15　景德镇火车站陶瓷壁画之二

（一）陶瓷壁画的艺术语境表达形式

1. 材料质感表达

现代陶瓷壁画更多存在于城市公共开放性空间，成为附属于建筑墙面的重要艺术形式，对于现代城市公共空间和环境中人文历史的表现具有重要价值。陶瓷壁画与其他木雕和石雕壁画的表现形式在艺术语境上具有显著的区别。陶瓷壁画不仅是一种公共艺术表现语言，更多的是代表着中华民族文化艺术的体现。陶瓷因其独有的特性而颇具代表性，东方文化和中华民族文化的传承，既通过陶土所创造出的艺术形态，也通过陶土被烧制呈现出独有的中华文化特色的艺术表现语境。现代陶瓷壁画的发展在传承传统陶瓷壁画艺术表现语境的同时，更多借鉴了西方装饰性艺术语境的表现特征，在陶瓷艺术表现形式和艺术表现语境上也更加自由和多元，题材上更加与大众审美意识相结合，风景、人物、动物以及抽象形态在现代艺术表现语境中得到很好的视觉表现，具有较强的时代气息和社会发展氛围。

2. 文化情感表达

陶瓷壁画具有强烈的视觉冲击力和质感。陶瓷壁画的视觉效果相对于其他壁画形式更加立体，具有较强的心理震撼力和视觉感染力。陶瓷壁画体现着陶瓷作品传达的深层次价值和意义。在陶瓷壁画的艺术语境表达中，对于情感的表现也是其重要方面。陶瓷壁画的创作和表现具有极强的艺术感染力和表现力，在陶瓷壁画艺术语境表现过程中，要充分地考虑陶瓷具有的艺术效果、材料质感和陶瓷所体现的内在文化精神与人文精神。陶瓷壁画的艺术语境表现是对中华民族文化的传承和发展，对中华民族精神文化的内在表现与传播具有重要价值。现代陶瓷壁画作为重要的公共艺术形式对公共空间环境的营造和发展具有重要作用，它能够较好地丰富公共空间的文化性和民族性，让公共空间环境具有人文魅力和呈现民族情感。

（二）陶瓷壁画的艺术表达作用

陶瓷壁画的表现题材逐渐向人文和公众方向发展，陶瓷壁画的表现形式也更加多元化，从单纯的陶瓷表现逐渐发展成为多种材料的结合表现，在艺术创作理念和表现内容上更具现代性。在现代全球化文化艺术融合的形式下，陶瓷壁画的艺术形式具有典型的中华民族特征和东方文化气息，体现了中国传统民族文化地域特征；陶瓷壁画的艺术表现语境更加重视对东方文化的包容和表现，在城市发展过程中体现着东西方文化的兼容并蓄，具有浓厚的东方文化气韵。陶瓷壁画的艺术语境表达具有物质性，主要是由于陶瓷艺术材料独有的艺术质感。陶瓷材料具有耐用性和古朴性，城市公共艺术空间的艺术表现形成需要存留较长时间以及具有较强的视觉冲击力，而现代诸多布上绘画材料保存时间较短，不适于在现代公共空间进行表现，陶瓷壁画以陶瓷材料的耐用性和色彩长期保存的特性广泛应用于城市公共艺术环境，对城市公共艺术的表现和发展具有重要的作用。

（三）陶瓷壁画艺术语境的创造性表达

陶瓷壁画艺术语境表现可以通过造型和拼贴以及浮雕的形式体现公共空间的艺术魅力和文化价值。在现代很多城市的公共开放空间，都有表现城市发展和历史的陶瓷壁画，这些陶瓷壁画不单是一种公共艺术表现形式，更多的是要呈现城市的发展历史和人文情怀，通过壁画的形式让更多人关注城市历史，铭记和缅怀城市发展过程中的重要历史事件与人物。陶瓷壁画的文化语境表达对于现代城市的发展具有重要意义。现代陶瓷壁画已经成为城市公共艺术发展和公共环境建设的重要组成部分，陶瓷壁画的艺术表现语境也更加多元化，陶瓷壁画的艺术语境表达有利于现代人对城市文化和发展历史具有更深入的认识，正在激发人们的爱国主义情怀和对城市历史文化的情感。

陶瓷壁画是对中华民族传统工艺的传承和发展，陶瓷壁画在为公共环境营造良好艺术表现形式的同时，也在传递着中华民族文化情感和价值观，陶瓷壁画的艺术语境表达有利于传统文化和民族文化的传播与发展。随着现代新技术和新材料的发展，比如丝网印刷与陶瓷釉色相结合，人们从而将更多现代综合材料与陶瓷壁画相结合，形成具有现代风格和创作理念的新形式。这种做法丰富了陶瓷壁画艺术语境的表达，对现代公共艺术表现和创作具有重要作用。

陶瓷壁画在现代公共环境表现过程中不仅是一种艺术表现形式，还承载着传播中华民族文化和普及城市发展历史的作用。现代陶瓷壁画的创作理念和艺术表现手段也越来越多元化，人们不再单纯满足于陶瓷壁画的视觉冲击力和视觉效果，而是更多地期待陶瓷壁画的人性化和人文关怀方面的表达，这就需要设计师准确把握陶瓷壁画的艺术语境表达形式和创作理念，在营造良好视觉效果的同时，将文化归属感和民族性作为创作的重要内容，有效促进现代公共艺术的表现和民族文化的传承与发展。

三、陶瓷壁画设计的建筑空间环境要素

陶瓷壁画设计离不开环境，这是设计的一个重要指导思想。设计正确与否，它的各种价值的鉴别与判定，也只有将壁画放到相应的环境中才能完成。整个设计活动的过程都要受到环境的制约和影响。壁画设计必须要研究建筑，研究自然环境，研究人文环境，而且要考虑到陶瓷壁画完成以后所营造的氛围，要适合公共环境。一幅理想的陶瓷壁画必须在内容上与形式上符合建筑的使用目的和审美要求，即符合建筑的物质功能和精神功能，所以建筑对陶瓷壁画的设计也具有某种制约作用。

合理的建筑内空间与陶瓷壁画之间应建立起良好的视觉关系。作品的尺度不合理可能带来视觉的拥堵或空旷，审美愉悦将大打折扣。陶瓷壁画在介入空间而成为建筑环境的组成部分时，应具备创造新环境格局的空间意识和形态，使其自身因为对空间结构的出色表现而融到周围环境中去，创造更具艺术表现力和生命力的新空间。此外，光源对作品美感的呈现是不容忽视的。环境中的光源有自然光源和人工光源两种，设计者应根据不同场所的需要，对不同光源加以利用。环境光的照射不仅使陶瓷壁画的形态特征包括细节肌理、各单元部件的相互穿插或叠置关系等得到充分体现，而且陶艺材料质感、色泽的表现也得益于环境光源的作用，利用好光源的冷暖明暗变化、合理照射角度都会使陶瓷壁画在视觉质感上产生丰富的变化。陶瓷壁画作为艺术的表现形式无法单独存在，它依赖于实体，受实体制约，在精神意义上赋予实体无限的扩展与延伸。陶瓷壁画的展现需要借助某种界面，常见的是建筑墙体，也有建筑物和雕塑。而这些界面又隶属于建筑环境，因此陶瓷壁画与建筑环境之间的关系是作用与反作用的关系，它们既各自独立又融为一体。

（一）陶瓷壁画依存于建筑环境

首先，陶瓷壁画必须悬挂或安置在建筑实体界面（墙面、天花或地面）才能得以展现。没有界面就没有载体，也就没有陶瓷壁画。其次，陶瓷壁画依附于建筑环境的整体氛围。在壁画的创作、设计过程中，艺术家必须考虑空间环境的性格特征，因为只有这样才能把握作品风格与环境的一致，从而起到美化、完善、充实建筑环境的作用。最后，陶瓷壁画的语言表达依存于建筑环境。壁画艺术的语言是在建筑整体环境中产生的，它势必与其母体艺术语言相似。陶瓷壁画需要经过设计者的艺术加工，使其主题与建筑环境的历史背景、文化传统相一致，其形态与建筑结构、建筑风格相协调，其色彩与建筑环境色相近或于对比中产生和谐。

（二）陶瓷壁画受建筑环境的制约

首先，陶瓷壁画受制于建筑空间结构的形态。因为建筑界面随着空间的使用功能变化而变化，附属其上的壁画也必须跟随其形态的更改而变化。艺术家需要了解建筑环境中空间结构的状态，应随着空间的流动、界面的转折而调整壁画的表达手法和内容，从而达到与环境的协调。其次，陶瓷壁画的题材内容受建筑环境的制约。陶瓷壁画的主题需符合建筑环境的性质。

（三）陶瓷壁画是建筑环境的延伸和扩展

陶瓷壁画运用自身独特的艺术形式和表现手法来丰富、美化、影响建筑环境的场所精神。这种艺术创作能优化建筑空间，弥补其过于空旷或过于拥挤的遗憾，也可以调整原本的空间结构，弥补墙壁、柱梁等设计缺陷，将各部件和谐、有机地组织到环境之中，以实现受众的身心满足。

（四）陶瓷壁画设计在建筑环境中的意蕴营造

黑格尔认为："给人以联想的美的要素可以分为两种：一种是外在的，即形式；另一种是内在的，即形式所表现出来的意蕴特征，也就是内容。"当感性的艺术品介入理性的建筑环境中时，与其发生联系的除了建筑物之外，还有作为审美主体的人的作用。这时，艺术家不仅要考虑艺术作品的形式美感，还要兼顾外在形式中蕴含的意味。所以，通过精心设计表征艺术品与环境之间的内在联系，才是陶瓷壁画存在的意义。

1. 陶瓷的质朴塑造魅力空间

众所周知，陶瓷材质具有很强的色彩装饰性，具有优良的物理性能，是在现代建筑中常见的一种装饰材料。浜本桂三为东京比治山学园所做的《星之子》，以及会田雄亮 1970 年为东京京王饭店所做的《陶与水构成的庭院》等都是注重泥土本身肌理色彩表现的典范。用颜色深浅不一、颗粒大小不同的泥土来塑造丰富的肌理变化，与规整的建筑界面、光洁的不锈钢、冰冷的大理石柱产生强烈的对比，使人不自觉地被吸引，从而增添环境的亲和力和魅力意蕴。

2. 陶瓷的肌理表达情感内容

从本质上看，陶瓷壁画是艺术与技术的和谐统一。由于泥土的可塑性，创作者尽可发挥想象力，将其塑造成各种造型。这种手工制作的艺术相对于机器生产的、模式化的石材、玻璃、不锈钢等材质而言，在肌理塑造的便捷性上更胜一筹。用陶土制作壁画，如同使用画笔一样得心应手，创作者的思路不容易受阻，自然表达起来更加畅快淋漓。"充满手的味道"的作品蕴含了创作主体的丰富情感，成为建筑环境中感性的、有丰富内涵的、意蕴深远的组成部分。

3. 陶瓷作为人文因素的调剂

赫伯特·里德说："作为一种艺术媒介，陶瓷必然是一个民族精神气质的表现。"

对陶瓷壁画而言，其创作主体的文化功底和社会大环境的引导是其人文内涵的决定性因素。而人文因素对于冰冷的现代建筑来说是陌生和欠缺的。在快节奏的今天，我们更需要对缺乏文化历史感的现代建筑做出一些调剂和补充。所以，如何利用合理的设计去完善、充实建筑环境的文化精神是需要艺术家关注、思考和创作的。

综上所述，陶瓷壁画依存于建筑，受建筑环境制约并能延伸和扩展建筑的物理空间和精神意义，需要在壁画设计中关注材质自身的力量，运用独特的制作手法和深厚的文化底蕴去丰富、美化建筑环境，进而达到感性艺术和理性建筑的和谐统一。

四、陶瓷壁画所赋予的精神特征

壁画首先要与观众的心理需求、环境功能相统一。从观众或社会公众接受的角度来看，不同功能的环境给社会公众留下不同的心理印象。壁画的不同表现，可以满足公众的不同要求。由于长期的生活环境在公众的心里形成了特定的观念，某种环境需要某种物质充实，某种环境需要某种精神寄托，都离不开公众的特定观念。阿恩·海姆指出："一个人在某一时刻的观察，总要受到他在过去看到的、想到的或学习到的东西的影响。""某个空间的状况如果与进入这个空间的人们积极肯定的心理定式相吻合，那么它就会使人产生积极的情感反应，人们就会感到它是令人可亲近的和愉悦的；如果与这种心理定式相违逆或格格不入，那么它就会引起人们消极的情感反应，人们就会感到它是令人讨厌的或压抑的。"在现代公共环境中，划分出许多具有不同功能的场所，如休闲广场、商业中心、博物馆、展览中心等。这些场所由于功能以及政治、历史、文化背景的不同而对介入其中的环境陶艺设计的要求有所不同。例如，商业、娱乐、休闲性质的公共场所的陶瓷壁画设计就不同于博物馆、展览馆、烈士陵园等场所，应具有通俗性、亲切感、新奇性并引人注目。陶瓷壁画的场所特征决定了它不具有普适性，它的审美是以特定场所出发的。根据不同场所的需要，陶瓷壁画也大致有纪念性、实用性、小品性等功能划分。作为具有公共艺术品质的环境陶艺不应仅仅是某个场所的装饰元素，而应是真正融入环境，在概念上体现出所在场所的历史、功能、文化特征以及精神气质。它除了适应场所气氛、体现"场所感"来凸显其审美价值外，还具有营造"场所感"的标志性作用。现代城市中许多建筑群或公共场所的风格大同小异，而一件陶瓷壁画的出现可能成为该场所具有审美意义的标志性设置。加强环境特征的体现，也使人们在雷同的现代建筑环境中获得不同的审美体验。安装于景德镇陶瓷学院的，由何炳钦、黄焕义、宁钢等人设计制作的陶艺壁画（见图6-16、图6-17），以具有较强的学术性的校园为背景，以个性化的语言，注重表达作者对陶艺的理解。创作者用了众多长短不一的泥板卷曲有节奏地粘贴于底板，仿佛音符在跳跃，极具动感，很好地点明了这个壁画所处的环境。因此，陶瓷壁画与特定环境的协调不只是视觉上的协调，还要与这个环境的特定功能、身份、内涵协调一致，契合特定场所精神特征的陶瓷壁画作品，无论对于环境还是陶瓷壁画自身都会增加丰富的内涵和新的魅力。

图 6-16　景德镇陶瓷学院陶艺壁画之一　　　图 6-17　景德镇陶瓷学院陶艺壁画之二

所以，设计师在设计壁画之前就要从建筑功能考虑到人的社会观念过程，把人们的社会观念与画面结合起来；把接受者的情绪或感情要求纳入设计构思中。另外，陶瓷壁画的创作不能一味迎合受众心理，好的陶瓷壁画设计会引导受众的审美，受众也会在接受中提高自身的审美品质。

五、陶瓷壁画在建筑装饰设计中常见的问题

（一）陶瓷壁画在建筑装饰运用中的约束性

约束性，主要包括材料的约束、设计人员心理的约束等。材料对于陶瓷壁画的设计有着重要的意义，对于一些工艺性要求很强的大型壁画来说，创作者应该对于材料的运用有全面的把握，就像画油画的人必须熟悉颜料、画中国画的人熟悉宣纸一样，陶瓷壁画的材料如果在建筑环境中表现不够出色，那将发挥不出陶瓷壁画应有的环境美化功能。与建筑环境相适应的材料，制约着设计者的创作，同时也赋予了设计者灵感，丰富其想象力，激发艺术创作的潜力。在不同的环境中选择不同的表现手法，黏土和釉色材料在陶瓷壁画的环境选择中主要需要注意以下几个方面：（1）要考虑与建筑环境功能、空间、色彩、肌理、明暗、气候变化等因素相适应；（2）要考虑陶瓷烧成之后的色彩、肌理、隐含的意义对人的视觉、心理、情绪所造成的感受。因而，陶瓷壁画材料选择的得与失，不仅影响着陶瓷壁画本身的艺术质量和建筑的使用，更重要的是其构成的环境氛围在人的心理、情绪等精神上的反映。陶瓷壁画在建筑环境中所赋予的重大意义，陶瓷材料的表现至关重要，因为陶瓷材料的特殊性，一个设计师对陶瓷材料有所了解和掌握并不意味着就一定能够设计出好的作品。虽然我们一直强调设计构思是通过媒介物逐渐生成的，但就传达审美信息而言，更为关键的是通过媒介物创造出承担环境意识和审美意义的形象。这是一个更为复杂的过程，也是艺术创造更为有意义的东西，而这一切则要植根于设计者的设计心理，它包括设计者的社会

意识、思想意境、知识修养、审美格调、造型能力等诸多因素。

陶瓷壁画是时代文化和建筑环境、人类心理所需要的产物，在意念上必定与设计者的意念发生联系。但同时要注意，陶瓷壁画不是屈从于某种强制功利性要求的体现，而旨在创造以审美意义为主要特征的、作为人类情感和时代精神载体的感性形式，通过这个载体和环境的广泛途径，传达于社会和公众。

陶瓷壁画设计者的理念一般通过以下三个方面呈现出来：一是设计者营造出的使用功能，即特定的使用性和价值；二是这种功能在实现中所做出的空间环境的合理分割；三是设计者追求的整体空间环境的气氛与传达壁画的建筑表现语言和风格。值得注意的是，现实中，设计者的个人喜好和设计中的个人情绪也是陶瓷壁画在环境中产生约束的重要原因。

（二）陶瓷壁画制作的社会因素

陶瓷壁画归根结底是为环境服务的。陶瓷壁画与建筑环境的问题是艺术与环境总类中的一个分支。随着现代建筑理念的不断进步，制作者和设计者也在不断地挖掘前人留下的文化遗产，不断借鉴旁支的艺术表现形式，从而使一幅新的壁画不落俗套、更有创意。这是颇为困难的规划和设计过程，但是，思路一旦成形并找到恰如其分的着眼点，则有可能创造出独具特色的陶瓷壁画。

在市场运作的大环境中，陶瓷壁画的小环境要符合安放空间的中环境，还要考虑客户的心理。陶瓷壁画创作者在进行市场运作的时候，需要斟酌壁画所处的环境特点、色彩、光线等方面的问题，更要深入地了解壁画拟反映的内容、内涵等方面的问题。

陶瓷壁画艺术的大众性是壁画艺术的一个特性，这是任何陶瓷壁画设计者都无法回避的。此外，决策者的观点往往也左右着作品的水准高低，甚至关系到壁画作品是否能够实现，因此，决策者的意见也是艺术家不可忽视的。这两个不同的因素在很大程度上可以影响设计者，应该说这是市场化运作中的客观制约因素。大众性是公共艺术的特性，视觉艺术不同于电影、戏剧等大众性较强的形式，因为陶瓷壁画没有剪辑，所以相对于陶瓷壁画的设计者来说，艺术家的个性可以更好地展现在大众面前，除了设计者的高超技术之外，主要是大众的认知参与了陶瓷壁画的艺术审美即价值的实现。例如，在商场和长途汽车站等大众性较强的场所，在充分体现设计者的智慧和创意的时候，还应该充分考虑到大众性的主导作用。因此，大众性在具体的实践中是设计者要注意的一个关键词。

决策者的建议也是判断陶瓷壁画市场定位的主要尺度。现实工作中，决策者的建议有的是设计者所想不到的好的构思与创意，只是他们不能用艺术特有的语言来表达。但是，也有部分决策者会提出"具体的艺术形式和内容"，与设计者的观念发生矛盾。当这种情形出现时，一部分设计者可通过与决策者积极沟通，使自己的艺术构想得以比较理想的实现；另一部分设计者则难以得到决策者的理解，对于会导致庸俗效果的建议，他们往往会拒绝采纳，以避免作品产生遗憾。

第五节　徽派建筑元素在陶瓷艺术创作中的应用与创新

那么如何将徽派建筑应用于陶瓷艺术创作中？对于这一问题，笔者查阅了大量书籍，并且观看了很多陶瓷类的展览，发现了一系列以徽派建筑为题材的陶瓷艺术作品，它们各具特色，丰富多样，彰显了陶瓷艺术的独特魅力。本节结合当前徽派建筑在陶瓷装饰中的创作案例展开论述与分析，期待读者在欣赏和学习的过程中，不断激发创作灵感，大胆思考新的创作可能与表现方式。

一、高温颜色釉绘画创作

高温颜色釉绘画是一种以矿物颜料为着色剂，通过各种表现技法将其施于坯胎表面，经过 1300 ℃以上的高温烧制而成的艺术作品，它具有独一无二、浑然天成的艺术特性，是陶瓷创作中的一朵奇葩。

（一）高温颜色釉的装饰属性

1. 色彩美

（1）唐代的青瓷和白瓷

艺术作品中颜色的起源可能要追溯至岩石上的史前壁画。著名的北魏地理学家郦道元在《水经注》上有多处记载。中国岩画分为南、北两大派系。南系岩画多以赭红为主色，用赤铁矿、牛血等天然材料制成，其广泛分布于长江以南的滇、贵、川、闽等地，其中我国现存规模最大的宁明县花山崖壁画，色彩鲜艳，至今尚可辨认的图像达到 1819 个。

在陶瓷领域，铁元素在陶瓷上有着更为丰富的变化，它对陶瓷的坯体、釉面和彩绘效果都有着重大影响。在商代中期，原始青瓷出现，唐朝时越窑所生产的青瓷被当时著名茶学家陆羽在《茶经》中提及，"邢瓷类雪，越瓷类冰"可以反映出当时南青北白的陶瓷生产局面。唐代元稹则有"雕镂荆玉盏，烘透内丘瓶"的形容，晚唐诗人陆龟蒙的《秘色越器》诗中用"九秋风露越窑开，夺得千峰翠色来"形象地赞颂了当时越窑青瓷的美。造成青、白瓷的不同特点的原因就是铁元素含量的不同，铁元素含量在 1% 以下呈现透明的质地，占 2% 左右就能烧制成广义上的青瓷，在 4% 左右则烧制成褐色，铁元素占比越高，烧制出的颜色越深，当含量到达 7% ~ 8% 时，其最后的釉面效果就是黑色。而且在不同的火焰气氛和窑炉温度下，金属氧化物也会呈现出不一样的色彩和光泽度。火焰气氛与烧窑时的供氧量有关，如果氧气充足，燃烧充分就称为氧化焰，如若烧窑时窑内含氧量低就称为还原焰，其中铁元素在还原焰气氛中会呈现青色，但在氧化焰中，会表现为黑、棕、褐、黄、红等各色。由此可见，要制作出一件高质量的颜色釉作品，需要经过复杂的工艺，也要面对丰富的随机变化。高温颜色釉是素胎上被施以含各种不同金属着色物的釉面原料，在烧制后呈现出莹润光亮的色彩之美，而各种品类繁多的釉色是通过控制釉料中所含呈色元素的不同配比、烧制温度及火焰气氛来达到特定的呈色效果，比如，我国古代颜色釉主要以铁、铜、锰、钴、金等作为呈色元素，而同种色釉在不同的烧制温度及火焰气氛下又会呈现不同的色泽，抑或同种色釉经同一烧窑师傅在同个窑内进行烧制，但因为施釉的厚薄及窑内位置的不同也会呈现不同的色泽，因此也就有了"一窑千色"的说法。

（2）宋代的影青瓷

宋代陶瓷在生产和制作领域，一方面通过不断地探索和发现，无论是对于釉的理解和调制，还是对陶瓷材料的处理或制作都有了很大的进步，一批著名的窑口如雨后春笋般出现。另一方面，民间认为天然之物才是美的，推崇无为的天然美，主张美应符合自然和人的本性，这样的美才能永恒。"天下皆知美之为美，斯恶已；皆知善之为善，斯不善已。"老子曰："道常无为而无不为。"老子所认为的符合自然的美，即在无为之中有为，追求随性、自如、毫无束缚，这也影响到了后代制瓷工匠的造物观和审美观。《逍遥游》中云："朴素而天下莫能与之争美。"庄周所倡导的天然、朴素的美，意在遵循自然的本来，也属于一种纯粹、朴素的美学观念。不难看出，天然、朴素的美感是历代道家思想的主要美学观点。道家思想中的美，实际上就是鼓励行为合乎自然，"人法地，地法天，天法道，道法自然"，将追求自然之中的美作为最高追求的精神活动。因此，宋代出现的以天青色而闻名的影青瓷，深得文人雅士的喜爱。相较于色彩雍容华贵的唐三彩，或是质朴无华的白瓷，抑或沉稳厚重的黑瓷，影青瓷彰显了宋朝风流儒雅之姿，其色调柔和静谧，无不展现出了宋人含蓄、典雅、质朴、优美的文人品格。

我们现在除了能从博物馆和出土陶瓷器物中直观地欣赏到宋瓷之美，还可以从宋代绘画的视角来欣赏宋代的陶瓷艺术。宋画的特点是严谨写实，素有"东方现实主义艺术"的美称。《文会图》（见图6-18）作为宋代的经典名画，由宋徽宗赵佶和宫廷画师共同绘制，现藏于台北故宫博物院当中。《文会图》不仅活灵活现地展现了北宋时的生活场景，还有利于我们探究宋代的文人风情、饮茶文化和器物鉴赏。《文会图》描绘了一个豪华庭园里的一角，在几株大树下设宴款待宾客的场景，其绘制手法细腻逼真，极为考究。仔细观察其中细节，涂有黑漆的桌案上整齐排列有水果、插花、酒樽等。桌案的两边分别放有与箸碗相配套的执壶，每位文人的面前都放有瓷质的托盏。

文人雅士围桌案而坐，或与旁边的人交谈，或举杯畅饮，或与侍者轻声细语，或独自凝神沉思，侍者端杯献茶，一派闲适雅致的和谐景象。此图显示出我国古代文人茶会中包括焚香、赏花、奏琴等高雅风韵的艺术。据考证，图上所展示的执壶、杯盏在景德镇窑、耀州窑、长沙窑、越窑遗址均有大量出土，在景德镇东南部的进坑村中发现了大量宋朝时期的瓷器碎片，以影青瓷为主，特点是胎白釉青，坯胎使用含铁量极少的高岭土，釉面含少量铁元素，经过 1800 ℃ 的还原焰烧成，使其呈现出浅青色调。当今的景德镇匠人们已对《文会图》中的陶瓷器物进行了一比一的复原，在进坑村展厅中展出，共 145 件，多数是喝茶用的器皿，素雅纯洁的瓷色体现了两宋时期人们崇尚的"中和"之美。青白瓷的出现也为之后景德镇瓷器品种的多样化奠定了基础。

图 6-18　《文会图》

（3）明清时期的颜色釉

明清时期景德镇颜色釉的工艺技术取得极大进展，釉色品类繁多，按照不同色系可分为若干釉色系统，如青、白、黑、绿、红、蓝、黄、紫釉、结晶釉系统等，就烧制时的窑炉内温度而言，可区别为高温、中温和低温颜色釉。并且不同的系统内部划分也很明确，如明清时期的高温红釉系统有霁红、鸡血红、大红、牛血红、郎窑红、美人醉、吹红、正红、娃娃脸、桃花片等，青釉系统有豆青、天青、冬青、粉青、龙泉青、影青、梅子青、翠青、卵青、仿汝釉、仿官釉、仿哥釉等。在官窑制度的推动下，景德镇的制瓷业有了迅猛的发展。在当时，瓷器的烧制堪称大事，御用的陶瓷由皇帝下旨，内务府烧制，并有严格的等级制度。因此，御用瓷器多以当权者的审美情趣来烧造，由此可见陶瓷由最初纯粹的使用器皿逐渐转化为具有欣赏价值的艺术品，经过历史沉淀转而成了民间的收藏品。《大明会典》中记载："嘉靖九年，定四郊各陵瓷器，圜丘青色，方丘黄色，日坛赤色，月坛白色，行江西饶州府如式烧解。"由此可以看出明代典籍中对作为祭祀器物的陶瓷色彩、数目、纹样都有着严格的定制，这也证明了景德镇瓷器在明代祭祀仪式中的重要性，皇家指定的"祭器皆用瓷"不但巩固了景德镇制瓷中心的地位，也为后期瓷器的全盛和辉煌提供了不竭的内在动力。

明代基本继承了元代的制瓷传统，蓝釉在明洪武、宣德、成化、弘治、嘉靖、万历等历代均有生产，但以宣德蓝釉最为精美，蓝釉也称霁蓝、积蓝、祭蓝、宝石蓝，其特点口沿处有一圈"灯草口"，呈色稳定，釉质凝厚肥亮，既不流釉，也无裂纹，色彩深沉均匀，除单色釉外，往往会用金水描绘，并刻有印花、暗纹为装饰。明清蓝釉的代表作品有宣德雾釉盘、蓝釉描金牛纹双耳罐、嘉靖霁蓝釉梅瓶、清雍正霁蓝釉渣斗、乾隆霁蓝釉描金勾莲纹瓶。在《南窑笔记》中，称霁蓝可与霁红、甜白釉相媲美。清代康熙时期的霁蓝釉瓷器十分精美，但又不同于明朝时期的同类产品，其中釉较薄的，呈色偏深。明宣德年间出现了洒蓝釉，亦称青金蓝、鬼脸青、雪花蓝等，其特点是在浅蓝或者白色的底釉上自然地带有雨滴般深蓝色的斑点，但由于烧制难度极大，所以存世数量稀少，代表作品有康熙洒蓝釉竹节式多穆壶、雍正洒蓝釉菊瓣盘（见图6-19）等。

图6-19　雍正洒蓝釉菊瓣盘

明清两代，瓷器不仅造型丰富，釉质和釉色也极为考究，精妙绝伦，达到中国制瓷史上的又一次高峰。甜白釉是明永乐年间创烧的一种白釉，明清两代均有烧制，其釉质肥润，并伴有极细的橘皮纹，以永乐时期最佳。许多甜白釉瓷器都为半脱胎工艺制成，脱胎制作工艺极其复杂，工序繁多，其薄度能够达到光照见影的程度，部分带有刻花、模印装饰花纹。在优质的甜白釉中，呈色矿物元素铁、铜、钴、钛、锰等的含量极低，方可达到"白如凝脂，素犹积雪"的效果。红釉在明清时期也有了突破性的发展，高温红釉的烧造多以矿物原料铜为呈色剂，红釉里面又主要细分有鲜红釉、釉里红和豇豆红。并注重内容与形式的统一，使造型与颜色和谐搭配充分显示其最佳美感。如高温铜红釉有霁红、郎窑红、豇豆红之分，其特点分别为沉稳、奔放和淡雅。深沉稳定的霁红釉适合于大小适中的瓶、罐、壶、盘、碗等；浓艳奔放的郎窑红则适合于线条挺拔遒劲的大件罐、瓶、樽等；而柔和淡雅的豇豆红最适合于造型娟秀的樽、洗、食等小件文房具。景德镇在明永乐时期成功烧制出色彩醇厚均匀的鲜红釉，打破了以往在陶瓷色釉中无纯红色釉瓷器的局面，其色彩艳丽均匀润泽，给人庄重典雅之感，后至清代康、雍、乾时期，釉面伴有橘皮纹，色调沉郁稳定。常见红釉器型有瓶、盘、高足碗等，特点是胎体轻薄，器形规整，大多没有纹饰，部分器物会在施釉前用铁锥在素坯上刻划出龙云纹，制作精美。如明永乐时期红釉高足碗（见图6-20）现收藏于故宫博物院，碗外壁施宝石红釉，内为白釉并刻划出纹样，底部写有"永乐年制"篆书款，这是传世品中不多见的明官窑带有年款的永乐瓷器。永乐鲜红釉的烧制成功使得景德镇制瓷工艺又迈向了一个新的台阶。

图6-20　明永乐时期红釉高足碗

釉里红创烧于元代，在明代洪武、永宣，清代康乾等时期均有烧制，在雍正时期达到真正的成熟。它是以矿物原料铜为呈色剂，经1300 ℃的还原焰烧成，其烧制难处在于对温度的把控，烧造时适合的温差大约只有10 ℃。在还没有温度计的明朝，要在1000多摄氏度的高温里控制这10 ℃的差值，就非常困难了。这要求窑工仅凭经验来掌握烧成温度，通过看火的颜色来判断火焰温度，因此在当时要烧造一件好的釉里红作品十分难得。在烧造过程中温度如果低于要求时则呈现黑色，便没有了釉里红的鲜艳之感。如果温差高于10 ℃这个区间，则不显色。故烧造釉里红的难度非常大，成本非常高，民间相传釉里红只在鼎盛时期才出现，即便是在永宣、康熙时期也不多见。随着科技的进步及温度计、三角锥在陶瓷领域的运用，釉里红的烧制难度有了很大的降低，现如今的陶瓷艺术家已经能熟练掌握其烧制方法，并运用到自己的陶瓷创作中去。

清雍正时期是景德镇颜色釉瓷器发展最为成熟的时期，仅御窑厂就设有23个作坊，工人300余名，集各地能工巧匠，集历朝历代窑口烧制之大成，能满足不同的审美需求，不断推陈出新，给陶瓷的生产创作提供了内在动力，也促使了中国制瓷业走向繁荣。明清瓷器生产对当今依然具有重要的借鉴意义，它通过造型、纹饰、色彩表达出实用与审美的统一，传达了东方的传统审美情趣，让中华民族文化和世界其他文化相互交流融合与提升，一方面提升了相关文化的发展，留下了宝贵的文化财富；另一方面形成了新的产业链条，促进了经济发展。

2.肌理之感

釉的种类繁多，每种釉料都有着独特的元素成分，同时具有属于自己的表达语言，比如透明釉的通透、亚光釉的高雅、乳浊釉的沉稳厚重等。釉彩陶瓷艺术的创作者往往要根据釉料的物理化学性质，结合自己的艺术创作诉求，以适当的施釉技法，创作出能够表达出足够思想深度的艺术作品。对于欣赏者来说，观看陶瓷作品既可以通过视觉感官的刺激更加深入地了解作品，也可以通过触碰表面来感受肌理。釉正符合触觉肌理和视觉肌理这两种属性。肌理美正如同色彩美一样，赋予了颜色釉陶瓷作品独特之美。釉根据烧制时的温度差异一般区分成低温、中温、高温颜色釉。按其视觉效果可以分为有玻璃通透的透明釉、质感观感不同的乳浊釉和半乳浊釉、光感亮度高的亮釉、表面亚光或半亚光的无光釉、色彩绚丽的结晶釉、朴素典雅的单色釉、晶片龟裂的裂纹釉等。按使用功能用途又可以分为陶釉、瓷釉、珐琅釉、瓷砖釉、艺品釉、日用瓷釉、电瓷釉等。其中单色釉与复色釉的色彩斑斓绚丽，能最直观地给予欣赏者强烈的视觉冲击感，其他釉种也都具备无限可能的创作空间与表现魅力。

陶瓷肌理分为以下三类：

（1）原料肌理。常用于陶瓷烧制过程中，掺入部分颗粒较粗的原料附着于表面，或者胎体本身原料中含有石英或者长石颗粒，由于石英砂砾和泥土本身在烧制过程中的坍塌比不一样，就会形成独特的肌理效果。

（2）人工肌理。陶瓷肌理中运用最广泛也是最直接的方法，是在陶瓷坯体未烧制前通过运用天然的材料压印在坯体表面形成独特的纹理，可以采用树叶、木头、果核、石头、贝壳等可以用到的一切材料，或者运用一些人工制作的带有线条或者纹理的制品，如玩具、亚麻布、钢丝、皮革等，也可直接采用雕刻工具、特制的模具等，或是拉坯过程中的跳刀肌理，抑或通过阴干、风干坯体本身，降低表面含水量，让其表面形成龟裂纹理。

（3）釉料烧制肌理。陶瓷烧制过程中形成的肌理，在陶艺作品中按釉的效果和外观特征，可分为透明与乳浊、有光和无光、结晶和裂纹、单色和花釉四大类。不同类质的釉熔点不一样，烧制时对温度的要求也有差别，要想达到预期的烧制效果，需要对不同釉料的烧成效果都有所掌握，根据控制烧成温度和反复试验，让火与釉在坯体上产生化学反应，最终才能获得理想的色彩呈现和肌理效果。

（二）高温颜色釉的材质表现

1.高温颜色釉的灵动之韵

众所周知，高温颜色釉是众多陶瓷材料之一，且对于其定义，大多学术论文都保持一致，以下笔者将做进一步解释。首先，"釉"的字义颇有渊源，古书中曾用"油"来形容这种油状的光泽，但这种表达极易被人们误解为作为食物的"油"，后考虑到单字难以表达出光泽、色彩的特点，而将"彩"与之合并，最终形成"釉"字。在《中国工艺美术大辞典》中定义为："釉相当于附着于陶器、瓷器坯体，混合着玻璃质与晶体的外衣。"釉可分为装饰釉与颜色釉，其中装饰釉主要为包裹在陶瓷表面外的有色或透明的玻璃质层；颜色釉则需要首先按比例调配高岭土、滑石等矿物原料，制成基础釉料，随后添加显色剂而成。显色剂主要有铁、铜、锰等金属元素，随着颜色釉工艺的进步，又逐渐加入金、钛、锌等稀有元素，同时对温度和火焰气氛也有了明确具体的要求，烧制温度有低温、中温、高温，而火焰气氛也分为氧化焰、还原焰和中性火焰。在不同的工艺组合下，颜色釉在颜色、光泽甚至在肌理上都会产生各式各样的效果变化，烧制前后的差异可谓截然不同，有"入窑一色，出窑万彩"的形容。高温颜色釉一般是在 1300 ℃的高温环境下配合一定气氛烧制而成的。

古希腊哲学家赫拉克利特曾说过："人不能两次踏入同一条河流。"这句话说明了世界上所有的物质都不是静止的，而是不断地处于运动的状态之中，唯一不变的只有变化本身。而大自然中的落花流水、云卷云舒的现象也正是因为物质的运动而显得姿态万千，美不胜收。古人善于观察，利用自然之美来作为装饰，于是中国传统艺术中便增添了水纹、云纹、风纹等模拟动态的图案纹样，将此类动态之美装饰在静态的陶瓷器形上，一动一静，妙不可言。而高温颜色釉的奇妙之处就在于能将静态状态下的纹样淋漓尽致地表现出动感，仿佛是具有真实生命的存在，灵动非凡。这得益于在烧制中釉水的运动，当釉水之间发生融合，配合上艺术家的主观处理，让人惊叹的艺术效果便产生了。这种动感既能表现出普遍的美感，又能赋之以生命力，因此高温颜色釉的艺术价值极高。具有这种表现效果的釉彩也称"花釉"，始于唐朝，兴盛于宋朝，直到现今，品种繁多。由于其颜色绚丽夺目，风格多变迥异，因此有着极高的艺术观赏价值。制作方法一般是先烧制好无釉的素胎，再根据能工巧匠的丰富经验进行一次或多次施釉，最后烧制而成。在这个过程中，底釉与面釉经过窑火的烧制，二者在高温环境下产生的气泡在破裂后出现不规则的流动与化学反应，因此在熔断之后，釉层的表面会呈现出颜色绚丽、变化莫测的肌理效果。

花釉丰富的效果在现今技艺高超的陶艺家手中，又增添了许多独特的艺术符号。花釉按性质变化大致可分为两种：第一种是易于流动且不稳定的蓝钧釉、兔毫釉、郎窑红等；第二种是比较稳固但缺乏流动性的青白釉、豆青釉、紫金釉、钛黄釉等。陶艺工作者在创作花釉陶瓷作品时不仅要熟练地掌握釉料的性质，还要把控其流动或熔断的变化，善于利用其稳定性的特点，从而人为地控制施釉的薄厚程度，造成熔断和流动的变化，显现出花釉的灵动之美，获得想象之外的意外惊喜。

2. 高温颜色釉的厚润之性

因为颜色釉自身发色的性质原因，决定了高温颜色釉的厚度有别于其他的材料，一般施釉厚度为 1 毫米，有时会更厚点。在其经历过火的淬炼之后，色彩才能绽放出迷人的魅力。颜色釉与粉彩、青花、五彩等颜料在装饰的厚度上截然不同，温软如玉，色彩绚丽，尤其是柔美之质感显得难能可贵。高温颜色釉的圆润之美，犹如唐朝的美人一般，正如古人诗词"云想衣裳花想容，春风拂槛露华浓"，在各种陶瓷品类之中显得别具一格。

不同的颜色釉的艺术呈现表达手法和效果各有特点，不但要表达出艺术创作者的艺术主张、艺术符号，从工艺和材料的角度来说，还需要因地制宜，其原因就在于南北瓷窑各自的坯体强度不一，其烧制方法有所不同，自然而然地，其艺术表现的手法也就不尽相同。具体来说，北方生产的瓷器坯体强度足够高，施釉的时候可以厚一点，也不会导致湿裂；而南方窑口生产的瓷器坯体强度不高，在上釉之前通常需要素烧一遍，加强坯体强度之后再进行施釉。随着陶艺创作者的艺术水平与施釉技法的不断提升，掌握了不同釉料的特性。通常情况下，瓷器釉面的厚度越厚，烧制后釉面的肌理花纹就越大，厚度越薄，花纹就越细小，如果厚度太薄，最后就不会出现花纹。以蓝钧釉举例，如果表层的釉面较厚，底层的釉面较薄，釉色烧成后就会泛白。而如果表层的釉面较薄而底层的釉面较厚，表层的面釉就容易被底层釉稀释消失，俗称"吃掉"，最后的呈色就较深，像玫瑰紫色，如果面釉适中，最后就会呈标准的蓝钧色。因此，上下两层釉面的厚度要搭配合理，一般下层釉面 0.8 毫米左右，而表层釉大概0.5 毫米。从此例中我们不难看出颜色釉的施釉薄厚不同，哪怕是细微的差别，都能发生不一样的效果变化。厚度合适的花釉作品，釉面圆润厚重，质地通透如琉璃，花纹呈现针状、光斑状，色彩绚丽夺目。正是因为这种多变性，才让颜色釉这种特殊的艺术形式在陶艺界绽放出独特的魅力。正是因为从古至今无数陶艺匠人的勤劳与智慧，不断探索与钻研，才给中国乃至世界留下了高温颜色釉这一艺术的瑰宝。

高温颜色釉品种繁多，釉色的差异不仅体现于颜色的不同，同时在流动性方面也有所差别。一般归纳为两类：流动性较大且稳定性差的典型品种有蓝钧釉、兔毫釉、郎窑红等；流动性小并较稳定的种类有影青、豆青、紫金、钛黄、雾蓝等。大体来说，高温颜色釉的每一个品种都有其流动特性，稳定性也只是相对而言。因此，高温颜色釉这种特殊的材料特性导致较难呈现精细的线条及塑造具体的形象，大多以斑斓模糊的块面出现，而正是这种特殊的画面形式使作品耐人寻味，也为高温颜色釉带来了别样的艺术表现语言。但就整体而言，高温颜色釉与其他陶瓷釉料相比依旧呈现出较强的流动性。通常情况下，当超过釉的熔融范围时，釉就会产生流淌现象。此外，当釉层过厚时也易出现流釉效果。其实若将这种釉的"缺陷"处理得当也会呈现出一番别样的视觉美感。因此，越来越多的艺术家在进行创作时，根据自己的需求故意让釉充分流动起来，把釉的这种流动之美发挥到极致，追求流动所产生的别样惊喜。总之，无论有意为之，还是无意产生，只要利用好釉的这种流动性，合理运用到自己的创作中，都是值得探索和创新的。

（三）高温颜色釉的艺术表现形式

在景德镇，有一些以高温颜色釉为表现方式去描绘徽派建筑的艺术家，其中让人印象最为深刻的是马丁民老师，他对于此类题材的探究做出了一系列探索与创作。他将西方色彩与中国写意完美地结合起来，在画面中呈现出一种特有的色彩张力和艺术韵味，具有典雅淳朴的东方意蕴（见图6-21、图6-22）。

图 6-21 马丁民的作品《宏村印象》　　图 6-22 马丁民的作品《家园》系列

另一位颇具代表性的艺术家江海涛，出生于安徽黄山，自幼对家乡的风土人情情有独钟，在这样的环境熏陶下，他对于徽州风景有了更为深刻的认识。他笔下的徽州活灵活现，像是在述说着那年家乡的故事，让人回味无穷。他的作品注重人与自然的和谐相处，在刻画建筑的同时引入了中国文人画的韵味，不求工整与形似，随兴所至，妙不可言，富有文人趣味（见图6-23、图6-24）。

图 6-23 江海涛的作品《徽州记忆》　　图 6-24 江海涛的作品《小巷人家》

二、釉上彩艺术表现

徽派建筑在釉上彩的艺术表现中也是别具特色。釉上彩绘于瓷胎表面，通过 600 ℃ ~ 900 ℃的温度烧制而成。因釉面光滑、装饰手法灵活、表现力极强的特点深受艺术家的喜爱。釉上彩的艺术效果基本可控，烧制前后区别不大，十分有利于色彩调和与细节刻画，可工笔也可写意，颜色丰富，是常用的装饰手段。在清代之前，陶瓷釉上彩呈独立发展的趋势并保持着中国传统艺术特色，它拥有色料齐全、色彩丰富、品种繁多的特点，其装饰技法也十分丰富，包括珐琅彩、新彩、粉彩、五彩、墨彩、描金、古彩等，其中新彩、古彩、粉彩为常见的装饰技法。

（一）釉上彩的艺术特点

1.釉上彩的艺术效果

釉上彩品种居多且色彩丰富、绘制在不同的载体上呈现出不同的视觉效果，运用釉上彩绘制的瓷板画作品呈现出触感光滑、色彩细腻的特点。另外，釉上彩在烧制前后呈色稳定，并且色彩间可以互相调配，所以在瓷板上表现时它能自然过渡与衔接，也均可通过刷绘的形式达到瓷板色彩柔和、自然的艺术效果。油料绘制而成的釉上彩作品画面层次比较清晰，加之釉上彩质地凝厚、粉润清雅，与瓷质表面的玻化效果相得益彰，在瓷板画中，釉上彩的清晰悦目和稳定都使瓷板画具有很高的逼真性（见图 6-25）。与其他艺术门类相比，釉上彩瓷板画正式成为书画文化中的一个艺术分支。

图 6-25　釉上彩瓷板画

釉上彩有着非常大的表现力，并且所能表现的题材也十分广泛。从花鸟草虫、鱼虾水藻、飞禽走兽，能华贵大气也能典雅秀丽，从兽到山石丛林再到古今人物，能气势逼人也能精巧可人。釉上彩陶瓷不仅可供欣赏，还能满足人们的精神需求。例如，牡丹是"花中之王"，花开富贵是吉祥富贵的象征；荷花出淤泥而不染，高洁、美好、清廉的形象备受人们喜爱；桂花与桃或者桃花组合成"贵寿无极"；竹子空心寓意虚怀若谷，弯而不折，生而有节，寓意高风亮节、挺拔洒脱、正直清高。这类作品能形成人们对美好幸福生活的向往和追求，对个人品格的要求和自我精神的表达，成为釉上彩画中的重要内容（见图6-26）。

图 6-26　釉上彩瓷板画作品

2. 釉上彩的工艺特征

（1）釉上彩的绘制技法

釉上彩种类齐全，色彩丰富且烧制前后颜色一致，其绘制技法也多种多样，主要有平填法、勾线法、彩、踩拍法、刷花、渲染法等（见表6-1）。

表 6-1　釉上彩的主要绘制技法

类型	图片	制作方式	手法特点
平填法		用水料或油料填涂于画面形成色块	勾线与填色技法一起使用，必须是干稀适中、厚薄均匀的颜料调和出理想的色彩且均匀地作画在陶瓷表面
勾线法		用料笔或勾线笔勾画轮廓线	可运用中国画的多种勾勒法，如用工笔中锋用笔法，线条挺拔；如表现写意的笔法线条则灵活多变

类型	图片	制作方式	手法特点
彩	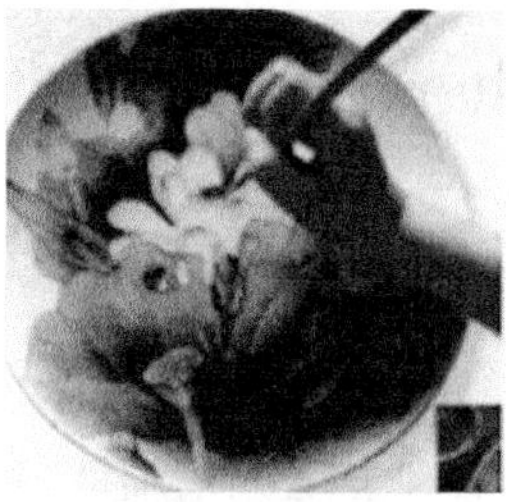	用羊毫笔蘸取油料颜色涂于瓷面，然后用干净的彩笔彩出该颜色的浓淡渐变关系	运彩时主要讲究笔法和运用腕力，使色彩过渡自然
跺拍法	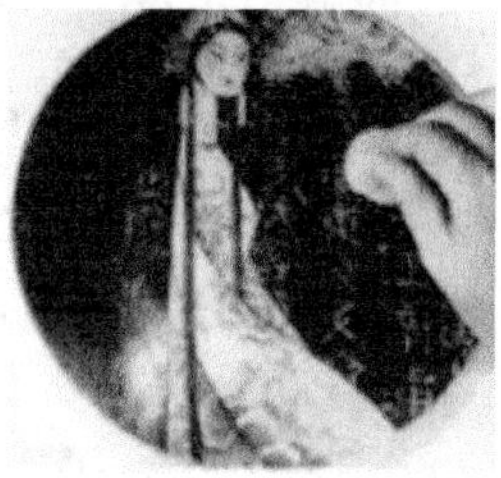	用跺笔将画面颜料跺平或跺出明暗关系，拍和跺的技法基本一致，唯一的区别是跺是用笔，而拍是用丝棉球或海绵将颜色均匀拍平	使颜料在陶瓷表面色彩转化柔和、过渡均匀自然，画大面积时宜选用跺，小面积的宜选用拍
刷花	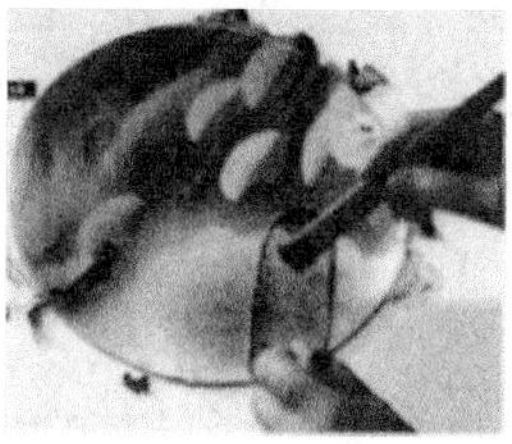	利用较宽的扁笔进行刷色，如刷粉墙般涂大的色块	刷色时可用胶水或油料来平涂色块，还可用扁笔的宽大边蘸浓料和淡料，刷出有自然浓淡变化的色带或色块
渲染法	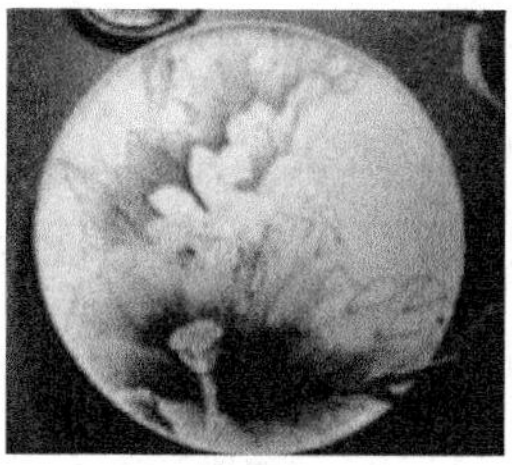	把两种及两种以上的色彩自然接染在一起，用干净的彩笔或海绵等为辅助工具，将不同的颜色渲染在一起	要求接色均匀，绘制时尽量避免留下笔痕

（2）釉上彩的绘制工具

釉上彩绘制工具有中国画工具和西洋画工具。中国画工具主要是各类型号料笔、毛笔、兼毫笔、羊毫笔、海绵、料拍、针笔、扒笔、料碟、调色盘等。西洋画工具主要有各类型号油画笔、水粉笔、调色刀、油壶等。

（3）釉上彩的常用装饰技法

新彩装饰技法：新彩是中国陶瓷艺术中的一种新的釉上彩装饰技法。可以做到完全自由地进行表现，特别是相对古彩、粉彩来说新彩的色料稳定性更好，如同在纸上作画一样不用考虑烧成后变色的影响，并且新彩色彩丰富、色料齐全，可相互调配出更多的色彩，能够更好地绘制出现代各种装饰纹样及图案，对于各种题材均能表现。

创作者既可以运用新彩在陶瓷上精细地勾线和均匀上色，又可以通过颜料与樟脑油的调配在陶瓷上呈现出巧妙美观、色彩明快、丰富多彩的画面。不论是精细入微的工笔，还是简洁明快的意笔；不论是花鸟鱼虫、人物山水，还是自然界的万物，任何工艺复杂的题材都能用新彩展现出来。小件瓷器绘制精美、细致入微、栩栩生动，大件瓷器作品奔放豪迈、色彩逼真。

粉彩装饰技法：早期粉彩瓷器绘制精美，且画面刻画生动潇洒。雍正时期粉彩以绘画为主，加上刻、印、划、堆塑和镂雕工艺结合。绘画上笔触精细纤柔、构图疏密有致、画面简洁清晰，呈现清秀典雅的风格特点。乾隆时期由于和欧洲艺术接触频繁，脱离了以往清新、雅致、刚健的格调，并且粉彩虽然技艺俱精，但精品瓷器专供达官贵族使用，所以在造型及装饰上日渐繁缛，有的单纯追求形式或炫耀技巧，有的又刻意追求寓意双关，表面富丽堂皇，内在又缺失淡雅古韵，甚至还有的因刻意求工而全无瓷器天然质感。

古彩装饰技法：从明朝五彩发展而来，在清康熙年间工艺发展日渐成熟，也是景德镇独创的一种绘画技法。开始都称之为五彩、硬彩等。它是红、黄、蓝、绿、白等五种玻璃质的彩料，按图案采用平涂法涂色于瓷体釉上，线条用生料或者矾红进行勾勒，烧制时窑内温度设置为 800 ℃ ~ 900 ℃，它是二次烧制成的一种陶瓷装饰技法。

（二）釉上彩色彩与作品主题的风格表现形式

釉上彩作品的主题风格分为绘画主题性风格与装饰性风格。不同风格有不同的色彩搭配方式和表现形式，其主要表现在题材的处理和意境的表现上。

绘画主题性釉上彩风格，作品一般注重小情节故事的描述和叙事性，它作为独立的形式展现，使其存在自身的特别欣赏价值。以小情节表现重大主题，从比较单纯的几何形体出发，分割并穿插成图形，尝试着实与虚的颠倒，探索着形体与空间的互相渗透，显示出一种复杂的情绪和个性。其特点是将美丽或清雅的釉上彩绘画艺术融介进浮雕，最终使陶瓷浮雕展现自身的光影效果、色彩效果、肌理效果，同时也促使陶瓷艺术形势日趋繁荣和丰富。相对独立的浮雕语言和形态的形成，为日后的陶瓷浮雕艺术的发展提供了广阔的空间。

装饰性釉上彩风格，作品更多地追求抒情性和赏心悦目的形式感，内容形式和装饰部位也相对活泼。它更强调对装饰对象的依附、烘托和空间形态上的适应性功能，以及对平衡、对称、条理、反复等形式美的规律和装饰艺术语言的运用，更多显示出个性陶艺者的创作风格。

我国著名的陶瓷艺术大师丁千教授，将中国传统的意象表述以及水墨渲染等技法与西方绘画有机融合，创作出了一大批以建筑为题材的陶瓷艺术精品（见图 6-27）。

它们大多源于写生，是在细致入微的观察与严谨不苟的态度中创作出来的。丁千教授说，艺术是源于自然的，唯有回归自然，才能找到艺术创作的激情。

图 6-27　丁千的作品《田园景色》

釉上彩在陶瓷浮雕上的应用，大大拓展了釉上彩这一材料在陶瓷创作上的表现力度，即把传统釉上彩陶瓷浮雕艺术用现代艺术观念来重新塑造。釉上彩陶瓷浮雕作品是火与土的艺术，具有烧制成功率高、效果良好以及包装搬运方便等优点。经过高温烧制后，其具有耐腐蚀性和防雨抗冻、抗高温的特点，颜色也具有永久性。陶瓷浮雕表面经高温烧制形成的玻璃质釉面易清洁，适合展示在易受污染的工业城市。

三、釉下彩艺术表现

釉下彩是在生坯或素烧坯上用彩料进行绘画装饰、罩釉，再经高温（1200 ℃ ~ 1400 ℃）烧制而成的艺术品。因色料渗于坯胎之中，故烧制后色泽光润，晶莹剔透，无毒无害，是日用瓷装饰的首选，同时在陶瓷绘画中具有典雅温润的艺术效果。

进入北宋以后，中国瓷器工艺呈现出百花齐放的态势。龙泉窑、耀州窑对于越窑青瓷的传承和发展，汝窑、钧窑的乳浊釉、析晶釉，定窑白瓷工艺的成熟，古州窑、建州窑、黑瓷艺术上的独树一帜，繁昌窑、景德镇湖田窑杂糅南北的青白瓷，都是中国陶瓷业在"南青北白"基础上发展而成百家争鸣的结果。中国陶瓷史上严格意义上的釉下彩绘瓷便诞生于此时期的磁州窑。元朝景德镇、长沙窑、巩县窑创造出青花瓷这一享誉世界的陶瓷艺术品类。此后，基于成熟的青花瓷釉下彩、胎、釉技术，中国陶瓷釉上釉下彩绘艺术与彩釉技术相互融合、相得益彰，至此，中国陶瓷的彩绘艺术彻底成熟。

釉下彩制作方法就是直接在坯上施彩绘画，再罩上一层透明的釉，高温一次烧成。著名的品种有青花瓷、釉里红瓷、青花釉里红、釉下三彩瓷、釉下五彩瓷等。早在汉末三国时期就有釉下彩瓷的出现，但还只是萌芽之势。到了唐代，湖南长沙窑的工匠们以氧化铁、氧化铜为彩料在素坯上绘出不同的图案或写上文字、诗句，然后施青釉经 1220 ℃ ~ 1270 ℃ 高温烧制。长沙窑虽然在当时的文献记载中不如越窑、邢窑显耀，然而它代表着中国陶瓷釉下彩绘装饰的起点，在中国陶瓷发展史上的地位十分重要。

其后陕西黄堡耀州窑、浙江慈溪越窑等纷纷效仿,从此釉下彩广泛流行,屡屡创出惊世之作。

釉下彩瓷包括几个著名瓷种,这些都是中华文明的瑰宝。接下来分别简单介绍。

1. 青花瓷

青花瓷又名白地青花瓷,是中国主流瓷种之一。青花瓷是用含氧化钴的钴矿为原料,在陶瓷坯体上描绘纹饰,再罩上一层透明釉经高温还原焰一次烧成。其发色为钴蓝色。在透亮的胎体上,如玉动人,深受人们喜爱。自青花瓷发明之时起,直到明成祖永乐初年,所用的青花料均是浙江、江西等地产的。郑和七下西洋之后,从印度尼西亚、波斯等地带回了大批苏麻离青,也称回青。回青色泽浓艳,以后这些国家又常朝贡回青,使得御用瓷的烧造持续不断。还有一种叫"朱明青"的青料产自云南,色泽与回青相似,一样浓烈纯艳,之后,大部分都是用的这种料。有人认为青花瓷是在宋代创烧,其实在晚唐就已出现青花瓷,1983 年扬州唐城遗址曾出土一批据认为是唐青花的标本。青花瓷的辉煌,在元代元青花至今都是制瓷史的一个奇迹。现如今的仿古瓷都是大量仿制的元青花,使得中国瓷器的国际地位重新继续树立,也给世人以崭新的面貌。

2. 釉里红

在青花生产最为繁荣的元代,釉里红诞生了。其制作工序与同时代的青花瓷大体相同。将含有金属铜元素为呈色剂的彩料按所需图案纹样绘在瓷器坯胎的表面,再罩以一层无色透明釉,然后入窑,在 1350℃以上的高温还原焰气氛中一次烧成。釉里红瓷约在明代流行起来,因为元代的釉里红颜色还是不尽如人意,大多呈灰白色。其呈灰白色的原因是铜离子对温度极为敏感,在窑炉中火候不到时呈现黑红色或灰红色。火候稍过铜离子便挥发,从釉层中逸出,呈现特有的飞红现象或干脆褪色纹饰不连贯。当时烧柴窑很难控制窑温,无法实现大规模生产。明代的釉里红已经逐渐成熟,颜色比元代鲜艳亮丽,但依然是浅红带灰色,极少有颜色鲜艳的釉里红出现。但是,永乐宣德时期的釉里红发色极佳,浓厚鲜艳似宝石,也有淡红色的,这与当时的透明白釉提炼已达到较高水平有关。到了清朝,尤其雍正时期釉里红发展达到高潮期,颜色已达到鲜艳标准,而且器型多样,一般有盘、碗、瓶等,纹饰以三鱼、五福为多见。釉里红的最大特点是烧制难度大,成品率极低。釉里红的烧制方式可分为釉里红线绘、釉里红拔白、釉里红涂绘。釉里红线绘即在坯胎上用线条描绘各种不同的图案花纹,是釉里红最主要的装饰手法,但由于高温铜红的烧成条件比较严格,往往会产生飞红的现象。釉里红拔白的方法则是或在白胎上留出所需之图案花纹部位,或在该部位上刻划出图案花纹,用铜红料涂抹其他空余之地,烧成后图案花纹即在周围红色之中以胎釉本色显现出来。釉里红涂绘是以铜红料成片、成块地涂绘成一定的图案花纹。

3.釉下三彩和釉下五彩

釉下三彩，顾名思义，是集三种颜色于一身的釉下彩瓷，创烧于清康熙时期。其是在瓷坯上以蓝、红、豆青三色描绘图案，然后吹上白釉，入窑高温烧造而成。青花以钴为着色剂，釉里红以铜为着色剂，豆青则以铁为着色剂。其发色鲜艳浑厚，深受民间与宫廷喜爱，但是烧制难，成品率极低。由于三种彩料对发色的温度及气氛要求不同，其成功烧制实属不易，烧造量不大，传世品更是极为少见。

釉下五彩瓷是釉下彩瓷的一个细分类。烧制五彩瓷首先将已成型而未经施釉的坯胎经过低温素烧，然后彩饰，再把已经彩饰的素烧坯进行第二次低温素烧，最后施盖石灰釉入高温窑在先氧化后还原的气氛中烧成。相对于过去的釉上彩瓷，它具有五彩鲜艳、晶莹润泽、永不褪色三大特点。它的出现比较晚，应是在清代中晚期以后，现代工艺技术传入中国之时而产生的。纹样五彩缤纷，艳而不俗，淡而有神，色彩变化丰富。这是釉下五彩瓷器在色彩效果上的独特性，也是这种瓷器适应性广泛的主要因素。在现代，釉下五彩的发展有了质的飞跃，不仅表现在装饰手法与技法上的创新，釉下彩料也由历史上的五种发展到现在的红、橙、黄、绿、青、蓝、紫、黑、白、灰等几十个品种，几乎涵盖所有色系，加上各种复色，目前已有100多种不同色相的彩料用于釉下彩装饰。

在釉下彩方面，对于建筑题材的探究最具有代表性的艺术家之一——罗小聪老师采用独创的剔青的手法，将青花艺术推向了另一个高度。他作品中的徽州民居像一首优美的旋律，时而抒情缓慢，时而热烈奔放，时而清晰悦耳，时而朦胧含蓄，充满意境。大胆的泼墨与精细的线条刻画形成了鲜明的对比，给人一种强有力的视觉冲击，让人心潮澎湃（见图6-28、图6-29）！

图6-28　罗小聪的作品《雨天》　　图6-29　罗小聪的作品《梦里故乡》

四、日用瓷造型与设计

徽派建筑的元素不仅在陶瓷绘画装饰上有所体现，在造型装饰中同样适用。

艺术家王永喜创作的《徽派》创意生活瓷在中国当代陶瓷设计大赛中脱颖而出，他设计的日用瓷借鉴了徽派建筑中马头墙的形式，再加上青花的点缀，使这一造型显得简约而又抽象，充满着趣味性，完美地契合了日用瓷装饰的特点（见图6-30）。

图 6-30 　王永喜的作品《徽派》

参考文献

[1] 臧丽娜:《明清徽州建筑艺术特点与审美特征研究》,山东大学 2005 年博士学位论文。

[2] 张超:《中国雕刻文化入门》,北京工业大学出版社 2012 年版。

[3] 王抗生:《中国民间建筑木雕简述》,《中国美术馆》2007 年第 3 期。

[4] 任小林:《徽州木雕》,《收藏家》2007 年第 3 期。

[5] 王川进:《徽州文化的积淀——安徽黟县南屏民居鉴赏》,《沧州师范专科学校学报》2006 年第 3 期。

[6] 林则钦:《传统建筑元素在现代陶艺创作中的运用》,《景德镇学院学报》2017 年第 1 期。

[7] 周立坦:《中国传统建筑的门文化与形式研究》,西安建筑科技大学 2019 年硕士学位论文。

[8] 陈冬苗:《中国传统建筑入口研究》,东南大学 2006 年硕士学位论文。

[9] 殷遐:《传统窗牖装饰设计研究》,南京艺术学院 2012 年硕士学位论文。

[10] 刘凤、杨学红、张菊之等:《瓦当发展历史浅析》,《居舍》2020 年第 32 期。

[11] 李琳、龙琦:《浅谈陶瓷壁画的种类与创新》,《陶瓷》2011 年第 17 期。

[12] 于晨:《陶瓷壁画的艺术语境表达》,《戏剧之家》2019 年第 9 期。

[13] 何德明、何超:《现代建筑环境中的陶瓷壁画设计》,《大众文艺》2012 年第 23 期。

[14] 赵兰涛、王莹:《现代建筑环境中的陶瓷壁画设计》,《佛山陶瓷》2010 年第 4 期。

[15] 周建翠:《现代陶瓷壁画在建筑环境中的应用》,华南理工大学 2011 年硕士学位论文。

[16] 陈娟:《粉墙黛瓦间的幽古雅韵》,苏州大学 2010 年硕士学位论文。

[17] 梁珂:《新徽派建筑初探》,《合肥工业大学学报(社会科学版)》2003 年第 2 期。

[18] 朱永春:《徽州建筑单体形态构成研究》,《合肥工业大学学报(社会科学版)》2001 年第 1 期。

[19] 李建文、董芮:《陶瓷装饰绘画中的图式研究》,《现代装饰(理论)》2017 年第 2 期。

[20] 孙逸馨:《陶瓷装饰在艺术衍生品设计中的应用探究》,《西部皮革》2018 年第 5 期。

[21] 张小龙:《浅谈陶瓷装饰设计艺术》,《西部皮革》2017 年第 22 期。

[22] 陈安生:《试论徽派建筑形成的几个条件——兼谈徽派建筑的继承和弘扬》,《中国勘察设计》2008 年第 3 期。

[23] 杨涧清:《徽派建筑的文化诠释》,《咸宁学院学报》2007 年第 2 期。

[24] 王小华:《从徽州文化看徽派建筑》,《工程建设与设计》2012 年第 11 期。

[25] 焦宇静:《浅析徽派建筑元素在现代设计中的运用及其研究——以河南省南阳市西峡县养生园修建性详细规划为例》,《华中建筑》2012 年第 6 期。

[26] 苏舒、魏雅雯、戎世玉:《徽派建筑元素在现代建筑设计中的应用研究》,《国际公关》2020 年第 1 期。

[27] 陈玉凯:《视觉与空间——"徽派建筑"的视觉误读》,《创意设计源》2020 年第 5 期。

[28] 缪然:《浅析传统徽派建筑中的装饰艺术》,《工业设计》2016 年第 2 期。

[29] 田自秉:《中国工艺美术史》,东方出版中心 2010 年版。

[30] 陈丽佳:《瓷板画中的釉上彩研究》,《现代装饰(理论)》2013 年第 11 期。

[31] 潘景峰:《浅谈陶瓷釉上彩装饰工艺与技法》,《景德镇陶瓷》2013 年第 4 期。

[32] 丁叙钧:《明清釉上彩绘瓷器》,上海书店出版社 2004 年版。

[33] 李希凡:《中华艺术通史》,北京师范大学出版社 2006 年版。

[34] 阮荣春:《中国绘画通论》,南京大学出版社 2005 年版。